启航教育 云图 YUN TU

张宇考研数学系列丛书 · 三

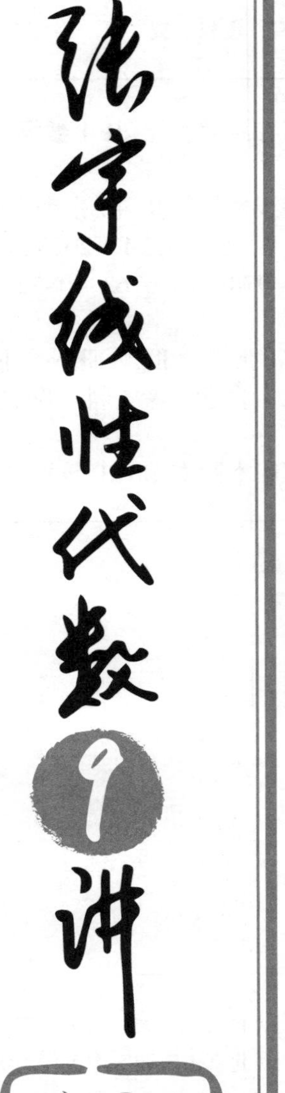

张宇线性代数9讲

书课包

闭关修炼

主编 张宇

副主编 高昆轮

北京理工大学出版社

图书在版编目（CIP）数据

张宇线性代数 9 讲 / 张宇主编．—北京：北京理工大学出版社，2022.1（2023.8 重印）
ISBN 978－7－5763－0852－5

Ⅰ．①张…　Ⅱ．①张…　Ⅲ．①线性代数－研究生－入学考试－自学参考资料　Ⅳ．①O151.2

中国版本图书馆 CIP 数据核字（2022）第 018221 号

出版发行 / 北京理工大学出版社有限责任公司
社　　址 / 北京市海淀区中关村南大街 5 号
邮　　编 / 100081
电　　话 /（010）68914775（总编室）
（010）82562903（教材售后服务热线）
（010）68944723（其他图书服务热线）
网　　址 / http://www.bitpress.com.cn
经　　销 / 全国各地新华书店
印　　刷 / 三河市良远印务有限公司
开　　本 / 787 毫米 ×1092 毫米　1/16
印　　张 / 7.5
字　　数 / 187 千字
版　　次 / 2022 年 1 月第 1 版　2023 年 8 月第 6 次印刷
定　　价 / 99.90 元

责任编辑 / 多海鹏
文案编辑 / 胡　莹
责任校对 / 刘亚男
责任印制 / 李志强

前　言

《张宇高等数学 18 讲》《张宇线性代数 9 讲》《张宇概率论与数理统计 9 讲》是供参加全国硕士研究生招生考试的考生全程使用的考研数学教材，在考生全面复习《张宇考研数学基础 30 讲》，夯实基础的条件下，本书突出综合性、计算性与新颖性，全面、准确反映考研数学的水平与风格．

本书有如下三大特色．

第一个特色：每一讲开篇列出的知识结构．这不同于一般的章节目录，而是科学、系统、全面地给出本讲知识的内在逻辑体系和考研数学试题命制思路，是我们多年教学和命题经验的结晶．希望读者认真学习、思考、反复研究并熟稔于心．

第二个特色：对知识结构系统性、针对性的讲述．这也是本书的主体——讲授内容与题目．讲授内容的特色在于在讲解知识的同时，指出考什么、怎么考（这在普通教材上几乎是没有的），并在讲授内容后给出精心命制、编写和收录的优秀题目，使得讲授内容和具体实例紧密结合，非常有利于读者快速且深刻掌握所学知识并达到考研要求．

第三个特色：本书所命制、编写和收录题目的较高价值性．这些题目皆为多年参加考研命题和教学的专家们潜心研究、反复酝酿、精心设计的好题、妙题．它们能够在与考研数学试题无缝衔接的同时，精准提高读者的解题水平和应试能力．同时，本书集中回答并切实解决读者在复习过程中的疑点和弱点．

感谢命题专家们给予的支持、帮助与指导，他们中有的老先生已年近九旬；感谢编辑老师们的辛勤工作与无私奉献，他们中有的已成长为可独当一面的专家；感谢一届又一届考生的努力与信任，他们中有的已硕士毕业、博士毕业并成为各自专业领域的佼佼者．

希望读者闭关修炼、潜心研读本书，在考研数学中取得好成绩．

张宇

2023 年 1 月于北京

目 录

第1讲 行列式

知识结构

- 定义、性质与定理
  - n阶行列式的定义 — 以n个向量为邻边的n维图形的（有向）体积
  - 行列式的性质
    - 性质1 — 行列互换，其值不变，即$|\boldsymbol{A}|=|\boldsymbol{A}^{\mathrm{T}}|$
    - 性质2 — 某行（列）元素全为零，则行列式为零
    - 性质3 — 两行（列）元素相等或对应成比例，则行列式为零
    - 性质4 — 某行（列）元素均是两个元素之和，则可拆成两个行列式之和
    - 性质5 — 两行（列）互换，行列式的值反号
    - 性质6 — 某行（列）元素有公因子k（$k\neq 0$），则k可提到行列式外面
    - 性质7 — 某行（列）的k倍加到另一行（列），行列式的值不变
  - 行列式的展开定理
    - ①余子式M_{ij}
    - ②代数余子式$A_{ij}=(-1)^{i+j}M_{ij}$
    - ③按某一行（列）展开的展开公式

      $$|\boldsymbol{A}|=\sum_{i=1}^{n}a_{ij}A_{ij}\,(j=1,2,\cdots,n)=\sum_{j=1}^{n}a_{ij}A_{ij}\,(i=1,2,\cdots,n)$$
- 具体型行列式的计算：a_{ij}已给出
  - 化为基本形行列式
    - ①主对角线行列式
    - ②副对角线行列式
    - ③拉普拉斯展开式
    - ④范德蒙德行列式
  - 加边法
  - 递推法（高阶→低阶）
    - ①建立递推公式，即建立D_n与D_{n-1}的关系
    - ②D_{n-1}与D_n要有完全相同的元素分布规律，只是D_{n-1}比D_n低了一阶
  - 数学归纳法（低阶→高阶）
    - ①第一数学归纳法
    - ②第二数学归纳法

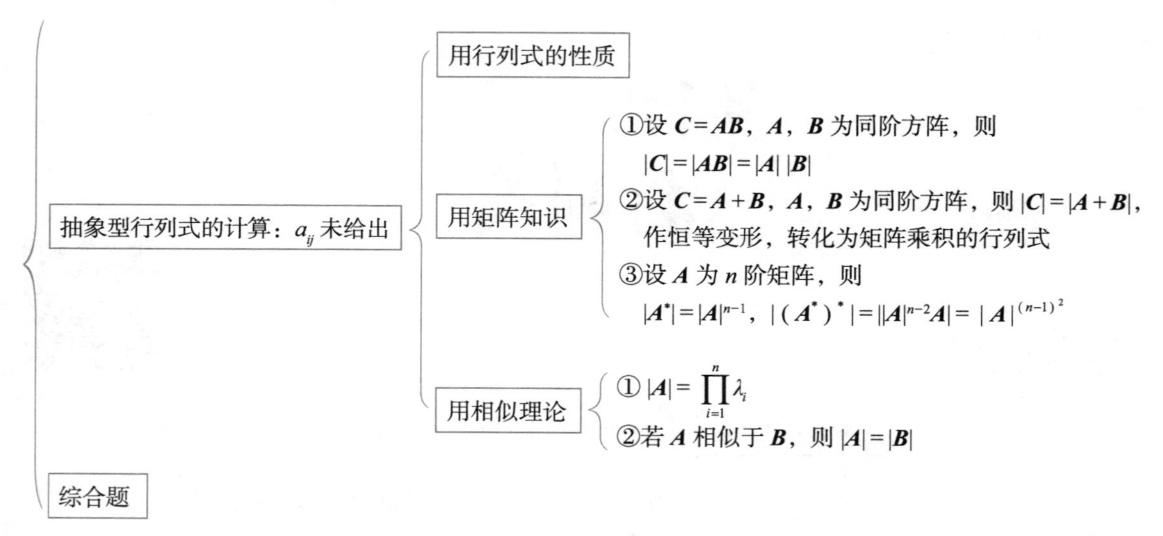

一 定义、性质与定理

1. n 阶行列式的定义

n 阶行列式 $D_n=\begin{vmatrix} a_{11} & \cdots & a_{1n} \\ \vdots & & \vdots \\ a_{n1} & \cdots & a_{nn} \end{vmatrix}$ 是由 n 个 n 维向量 $\boldsymbol{\alpha}_1=[a_{11},a_{12},\cdots,a_{1n}]$，$\boldsymbol{\alpha}_2=[a_{21},a_{22},\cdots,a_{2n}]$，$\cdots$，$\boldsymbol{\alpha}_n=[a_{n1},a_{n2},\cdots,a_{nn}]$ 组成的，其（运算规则的）结果是以这 n 个向量为邻边的 n 维图形的（有向）体积.

2. 行列式的性质

性质 1 行列互换，其值不变，即 $|A|=|A^{\mathrm{T}}|$.

性质 2 行列式中某行（列）元素全为零，则行列式为零.

性质 3 行列式中的两行（列）元素相等或对应成比例，则行列式为零.

性质 4 行列式中某行（列）元素均是两个元素之和，则可拆成两个行列式之和，即

$$\begin{vmatrix} a_{11} & a_{12} & \cdots & a_{1n} \\ \vdots & \vdots & & \vdots \\ a_{i1}+b_{i1} & a_{i2}+b_{i2} & \cdots & a_{in}+b_{in} \\ \vdots & \vdots & & \vdots \\ a_{n1} & a_{n2} & \cdots & a_{nn} \end{vmatrix}=\begin{vmatrix} a_{11} & a_{12} & \cdots & a_{1n} \\ \vdots & \vdots & & \vdots \\ a_{i1} & a_{i2} & \cdots & a_{in} \\ \vdots & \vdots & & \vdots \\ a_{n1} & a_{n2} & \cdots & a_{nn} \end{vmatrix}+\begin{vmatrix} a_{11} & a_{12} & \cdots & a_{1n} \\ \vdots & \vdots & & \vdots \\ b_{i1} & b_{i2} & \cdots & b_{in} \\ \vdots & \vdots & & \vdots \\ a_{n1} & a_{n2} & \cdots & a_{nn} \end{vmatrix}.$$

性质 5 行列式中两行（列）互换，行列式的值反号.

【注】上述运算称为**“互换”性质**.

性质 6 行列式中某行（列）元素有公因子 k（$k\neq 0$），则 k 可提到行列式外面，即

$$\begin{vmatrix} a_{11} & a_{12} & \cdots & a_{1n} \\ \vdots & \vdots & & \vdots \\ ka_{i1} & ka_{i2} & \cdots & ka_{in} \\ \vdots & \vdots & & \vdots \\ a_{n1} & a_{n2} & \cdots & a_{nn} \end{vmatrix} = k\begin{vmatrix} a_{11} & a_{12} & \cdots & a_{1n} \\ \vdots & \vdots & & \vdots \\ a_{i1} & a_{i2} & \cdots & a_{in} \\ \vdots & \vdots & & \vdots \\ a_{n1} & a_{n2} & \cdots & a_{nn} \end{vmatrix}.$$

【注】上述等式从右到左的运算称为**“倍乘”性质**.

性质 7 行列式中某行（列）的 k 倍加到另一行（列），行列式的值不变.

【注】上述运算称为**“倍加”性质**.

3. 行列式的展开定理

（1）余子式.

在 n 阶行列式中，去掉元素 a_{ij} 所在的第 i 行、第 j 列元素，由剩下的元素按原来的位置与顺序组成的 $n-1$ 阶行列式称为元素 a_{ij} 的余子式，记作 M_{ij}，即

$$M_{ij}=\begin{vmatrix} a_{11} & \cdots & a_{1,j-1} & a_{1,j+1} & \cdots & a_{1n} \\ \vdots & & \vdots & \vdots & & \vdots \\ a_{i-1,1} & \cdots & a_{i-1,j-1} & a_{i-1,j+1} & \cdots & a_{i-1,n} \\ a_{i+1,1} & \cdots & a_{i+1,j-1} & a_{i+1,j+1} & \cdots & a_{i+1,n} \\ \vdots & & \vdots & \vdots & & \vdots \\ a_{n1} & \cdots & a_{n,j-1} & a_{n,j+1} & \cdots & a_{nn} \end{vmatrix}.$$

（2）代数余子式.

余子式 M_{ij} 乘（-1）$^{i+j}$ 后称为 a_{ij} 的代数余子式，记作 A_{ij}，即

$$A_{ij}=(-1)^{i+j}M_{ij},$$

显然也有 $M_{ij}=(-1)^{i+j}A_{ij}$.

（3）行列式按某一行（列）展开的展开公式.

行列式的值等于行列式的某行（列）元素分别乘其相应的代数余子式后再求和，即

$$|\boldsymbol{A}|=\begin{cases} a_{i1}A_{i1}+a_{i2}A_{i2}+\cdots+a_{in}A_{in}=\sum\limits_{j=1}^{n}a_{ij}A_{ij}\ (i=1,2,\cdots,n), \\ a_{1j}A_{1j}+a_{2j}A_{2j}+\cdots+a_{nj}A_{nj}=\sum\limits_{i=1}^{n}a_{ij}A_{ij}\ (j=1,2,\cdots,n). \end{cases}$$

例 1.1 $\begin{vmatrix} 2 & 1 & 0 & -1 \\ -1 & 2 & -5 & 3 \\ 3 & 0 & a & b \\ 1 & -3 & 5 & 0 \end{vmatrix}-\begin{vmatrix} 2 & 1 & 0 & -1 \\ -1 & 2 & -5 & 3 \\ 3 & 0 & a & b \\ 1 & -1 & 1 & 0 \end{vmatrix}=$ ________.

【解】应填 $10(a-3)$.

$$\begin{vmatrix}2&1&0&-1\\-1&2&-5&3\\3&0&a&b\\1&-3&5&0\end{vmatrix}-\begin{vmatrix}2&1&0&-1\\-1&2&-5&3\\3&0&a&b\\1&-1&1&0\end{vmatrix}\overset{\text{减去}}{=}\begin{vmatrix}2&1&0&-1\\-1&2&-5&3\\3&0&a&b\\0&-2&4&0\end{vmatrix}$$

(2倍加至，1倍加至)

$$=\begin{vmatrix}0&0&0&-1\\5&5&-5&3\\3+2b&b&a&b\\0&-2&4&0\end{vmatrix}=(-1)\cdot(-1)^{1+4}\begin{vmatrix}5&5&-5\\3+2b&b&a\\0&-2&4\end{vmatrix}\overset{\text{提出}5}{=}5\begin{vmatrix}1&1&-1\\3+2b&b&a\\0&-2&4\end{vmatrix}\overset{\text{2倍加至}}{=}5\begin{vmatrix}1&1&1\\3+2b&b&a+2b\\0&-2&0\end{vmatrix}$$

$=10(a-3)$.

二 具体型行列式的计算：a_{ij} 已给出

1. 化为基本形行列式

所谓基本形行列式是指化至此行列式即可得到结果.

（1）主对角线行列式.

$$\begin{vmatrix}a_{11}&a_{12}&\cdots&a_{1n}\\0&a_{22}&\cdots&a_{2n}\\\vdots&\vdots&&\vdots\\0&0&\cdots&a_{nn}\end{vmatrix}=\begin{vmatrix}a_{11}&0&\cdots&0\\a_{21}&a_{22}&\cdots&0\\\vdots&\vdots&&\vdots\\a_{n1}&a_{n2}&\cdots&a_{nn}\end{vmatrix}=\begin{vmatrix}a_{11}&0&\cdots&0\\0&a_{22}&\cdots&0\\\vdots&\vdots&&\vdots\\0&0&\cdots&a_{nn}\end{vmatrix}=\prod_{i=1}^{n}a_{ii}.$$

（2）副对角线行列式.

$$\begin{vmatrix}a_{11}&a_{12}&\cdots&a_{1,n-1}&a_{1n}\\a_{21}&a_{22}&\cdots&a_{2,n-1}&0\\\vdots&\vdots&&\vdots&\vdots\\a_{n1}&0&\cdots&0&0\end{vmatrix}=\begin{vmatrix}0&\cdots&0&a_{1n}\\0&\cdots&a_{2,n-1}&a_{2n}\\\vdots&&\vdots&\vdots\\a_{n1}&\cdots&a_{n,n-1}&a_{nn}\end{vmatrix}=\begin{vmatrix}0&\cdots&0&a_{1n}\\0&\cdots&a_{2,n-1}&0\\\vdots&&\vdots&\vdots\\a_{n1}&\cdots&0&0\end{vmatrix}$$

$$=(-1)^{\frac{n(n-1)}{2}}a_{1n}a_{2,n-1}\cdots a_{n1}.$$

（3）拉普拉斯展开式.

设 $\boldsymbol{A}$ 为 m 阶矩阵，$\boldsymbol{B}$ 为 n 阶矩阵，则

$$\begin{vmatrix}\boldsymbol{A}&\boldsymbol{O}\\\boldsymbol{O}&\boldsymbol{B}\end{vmatrix}=\begin{vmatrix}\boldsymbol{A}&\boldsymbol{C}\\\boldsymbol{O}&\boldsymbol{B}\end{vmatrix}=\begin{vmatrix}\boldsymbol{A}&\boldsymbol{O}\\\boldsymbol{C}&\boldsymbol{B}\end{vmatrix}=|\boldsymbol{A}||\boldsymbol{B}|,$$

$$\begin{vmatrix}\boldsymbol{O}&\boldsymbol{A}\\\boldsymbol{B}&\boldsymbol{O}\end{vmatrix}=\begin{vmatrix}\boldsymbol{C}&\boldsymbol{A}\\\boldsymbol{B}&\boldsymbol{O}\end{vmatrix}=\begin{vmatrix}\boldsymbol{O}&\boldsymbol{A}\\\boldsymbol{B}&\boldsymbol{C}\end{vmatrix}=(-1)^{mn}|\boldsymbol{A}||\boldsymbol{B}|.$$

（4）范德蒙德行列式．

$$\begin{vmatrix} 1 & 1 & \cdots & 1 \\ x_1 & x_2 & \cdots & x_n \\ x_1^2 & x_2^2 & \cdots & x_n^2 \\ \vdots & \vdots & & \vdots \\ x_1^{n-1} & x_2^{n-1} & \cdots & x_n^{n-1} \end{vmatrix} = \prod_{1\leqslant i<j\leqslant n}(x_j - x_i),\ n\geqslant 2.$$

【注】（1）若所给行列式就是基本形或接近基本形，直接套公式或经过简单处理化成基本形后套公式．

（2）简单处理的手段：

①按零元素多的行或列展开；

②用行列式的性质对差别最小的“对应位置元素”进行处理，尽可能多地化出零元素，再按此行或列展开；

③对于行和或列和相等的情形，将所有列加到第 1 列或将所有行加到第 1 行，提出公因式，再用②，等等．

（3）考生应在做题过程中多积累经验，熟能生巧．

例 1.2 $\begin{vmatrix} 1 & -1 & 1 & x-1 \\ 1 & -1 & x+1 & -1 \\ 1 & x-1 & 1 & -1 \\ x+1 & -1 & 1 & -1 \end{vmatrix}=$________.

【解】应填 x^4.

$$\begin{vmatrix} 1 & -1 & 1 & x-1 \\ 1 & -1 & x+1 & -1 \\ 1 & x-1 & 1 & -1 \\ x+1 & -1 & 1 & -1 \end{vmatrix} = \begin{vmatrix} 1 & -1 & 1 & x-1 \\ 0 & 0 & x & -x \\ 0 & x & 0 & -x \\ x & 0 & 0 & -x \end{vmatrix} = \begin{vmatrix} 1 & -1 & 1 & x \\ 0 & 0 & x & 0 \\ 0 & x & 0 & 0 \\ x & 0 & 0 & 0 \end{vmatrix} \overset{(*)}{=\!=} (-1)^{\frac{4(4-1)}{2}}\cdot x^4 = x^4.$$

（−1）倍加至；（−1）倍加至；（−1）倍加至；1倍加至；1倍加至；1倍加至

|⧅|，|⧄|，|⧅|，|⧄| 称为爪形行列式，其解法为斜爪消去竖爪或平爪．

【注】（*）处来自 $\begin{vmatrix} a_{11} & a_{12} & \cdots & a_{1,n-1} & a_{1n} \\ a_{21} & a_{22} & \cdots & a_{2,n-1} & 0 \\ \vdots & \vdots & & \vdots & \vdots \\ a_{n1} & 0 & \cdots & 0 & 0 \end{vmatrix} = (-1)^{\frac{n(n-1)}{2}} a_{1n}a_{2,n-1}\cdots a_{n1}.$

例 1.3 设 $A=\begin{bmatrix} -a & -2 & -2 & -2 \\ -2 & a & -2 & -2 \\ -2 & -2 & -b & -2 \\ -2 & -2 & -2 & b \end{bmatrix}$（$ab\neq 0$），$E$ 为 4 阶单位矩阵，则 $|2E-A|=$________.

【解】应填 a^2b^2.

$$|2E-A| = \begin{vmatrix} 2+a & 2 & 2 & 2 \\ 2 & 2-a & 2 & 2 \\ 2 & 2 & 2+b & 2 \\ 2 & 2 & 2 & 2-b \end{vmatrix} = \begin{vmatrix} a & a & 0 & 0 \\ 2 & 2-a & 2 & 2 \\ 0 & 0 & b & b \\ 2 & 2 & 2 & 2-b \end{vmatrix} = ab\begin{vmatrix} 1 & 1 & 0 & 0 \\ 2 & 2-a & 2 & 2 \\ 0 & 0 & 1 & 1 \\ 2 & 2 & 2 & 2-b \end{vmatrix}$$

（−1）倍加至；（−1）倍加至；提出a；提出b；（−2）倍加至

$$=ab\begin{vmatrix}1&1&0&0\\2&2-a&0&0\\0&0&1&1\\2&2&2&2-b\end{vmatrix}\overset{(*)}{=\!=}ab\begin{vmatrix}1&1\\2&2-a\end{vmatrix}\begin{vmatrix}1&1\\2&2-b\end{vmatrix}=a^2b^2.$$

【注】(*) 处来自$\begin{vmatrix}\boldsymbol{A}&\boldsymbol{O}\\\boldsymbol{C}&\boldsymbol{B}\end{vmatrix}=|\boldsymbol{A}||\boldsymbol{B}|$.

例 1.4 $\begin{vmatrix}a&b&c\\a^2&b^2&c^2\\b+c&a+c&a+b\end{vmatrix}=$________.

【解】应填$(a+b+c)(b-a)(c-b)(c-a)$.

$$\begin{vmatrix}a&b&c\\a^2&b^2&c^2\\b+c&a+c&a+b\end{vmatrix}=\begin{vmatrix}a&b&c\\a^2&b^2&c^2\\a+b+c&a+b+c&a+b+c\end{vmatrix}$$

(1倍加至；提出$(a+b+c)$)

$$=(a+b+c)\begin{vmatrix}a&b&c\\a^2&b^2&c^2\\1&1&1\end{vmatrix}$$

(互换)

$$=(a+b+c)(-1)\begin{vmatrix}a&b&c\\1&1&1\\a^2&b^2&c^2\end{vmatrix}$$

(互换)

$$=(a+b+c)(-1)^2\begin{vmatrix}1&1&1\\a&b&c\\a^2&b^2&c^2\end{vmatrix}$$

$$\overset{(*)}{=\!=}(a+b+c)(b-a)(c-b)(c-a).$$

【注】(*) 处来自范德蒙德行列式.

2. 加边法

对于某些一开始不宜使用“互换”“倍乘”“倍加”性质的行列式，可以考虑使用加边法：n 阶行列式中添加一行、一列升至 $n+1$ 阶行列式. 若添加在第 1 列，且添加的是 $[1,0,\cdots,0]^{\mathrm{T}}$，则第 1 行其余元素可以任意添加，行列式值不变，即

$$D_n=\begin{vmatrix}a_{11}&a_{12}&\cdots&a_{1n}\\a_{21}&a_{22}&\cdots&a_{2n}\\\vdots&\vdots&&\vdots\\a_{n1}&a_{n2}&\cdots&a_{nn}\end{vmatrix}=\begin{vmatrix}1&*&*&\cdots&*\\0&a_{11}&a_{12}&\cdots&a_{1n}\\0&a_{21}&a_{22}&\cdots&a_{2n}\\\vdots&\vdots&\vdots&&\vdots\\0&a_{n1}&a_{n2}&\cdots&a_{nn}\end{vmatrix},$$

其中 * 处元素可以任意添加. 观察原行列式元素的规律性，选择合适的元素填入 * 处，使行列式的计算更为简便.

例 1.5 设$\boldsymbol{\alpha}=[x_1,x_2,\cdots,x_n]^{\mathrm{T}}\neq\mathbf{0}$，则$|\boldsymbol{\alpha}\boldsymbol{\alpha}^{\mathrm{T}}+\boldsymbol{E}|=$________.

【解】应填$1+\sum\limits_{i=1}^{n}x_i^2$.

法一 $$|\boldsymbol{\alpha}\boldsymbol{\alpha}^{\mathrm{T}}+\boldsymbol{E}|=\begin{vmatrix}1+x_1^2 & x_1x_2 & \cdots & x_1x_n\\ x_2x_1 & 1+x_2^2 & \cdots & x_2x_n\\ \vdots & \vdots & & \vdots\\ x_nx_1 & x_nx_2 & \cdots & 1+x_n^2\end{vmatrix}_n\xlongequal{(*)}\begin{vmatrix}1 & x_1 & x_2 & \cdots & x_n\\ 0 & 1+x_1^2 & x_1x_2 & \cdots & x_1x_n\\ 0 & x_2x_1 & 1+x_2^2 & \cdots & x_2x_n\\ \vdots & \vdots & \vdots & & \vdots\\ 0 & x_nx_1 & x_nx_2 & \cdots & 1+x_n^2\end{vmatrix}_{n+1}$$

（$(-x_1)$倍加至，$(-x_2)$倍加至，…，$(-x_n)$倍加至）

（x_1倍加至，x_2倍加至，…，x_n倍加至）

$$=\begin{vmatrix}1 & x_1 & x_2 & \cdots & x_n\\ -x_1 & 1 & 0 & \cdots & 0\\ -x_2 & 0 & 1 & \cdots & 0\\ \vdots & \vdots & \vdots & & \vdots\\ -x_n & 0 & 0 & \cdots & 1\end{vmatrix}_{n+1}=\begin{vmatrix}1+\sum\limits_{i=1}^{n}x_i^2 & x_1 & \cdots & x_n\\ 0 & 1 & \cdots & 0\\ \vdots & \vdots & & \vdots\\ 0 & 0 & \cdots & 1\end{vmatrix}_{n+1}=1+\sum_{i=1}^{n}x_i^2.$$

法二 由例 8.3 知，$\boldsymbol{\alpha}\boldsymbol{\alpha}^{\mathrm{T}}$的特征值为$\sum\limits_{i=1}^{n}x_i^2$，0，0，…，0，这里有$n-1$个特征值 0，于是$\boldsymbol{\alpha}\boldsymbol{\alpha}^{\mathrm{T}}+\boldsymbol{E}$的特征值为$1+\sum\limits_{i=1}^{n}x_i^2$，1，1，…，1，这里有$n-1$个特征值 1. 再由第 7 讲的“二（2）”知，$|\boldsymbol{\alpha}\boldsymbol{\alpha}^{\mathrm{T}}+\boldsymbol{E}|=\left(1+\sum\limits_{i=1}^{n}x_i^2\right)\cdot1\cdot1\cdot\cdots\cdot1=1+\sum\limits_{i=1}^{n}x_i^2$.

【注】（*）处来自加边法.

3. 递推法（高阶→低阶）

（1）建立递推公式，即建立D_n与D_{n-1}的关系，有些复杂的题甚至要建立D_n，D_{n-1}与D_{n-2}的关系.

（2）D_{n-1}与D_n要有完全相同的元素分布规律，只是D_{n-1}比D_n低了一阶.

4. 数学归纳法（低阶→高阶）

涉及n阶行列式的证明型计算问题，即告知行列式计算结果，让考生证明之，可考虑数学归纳法.

（1）第一数学归纳法（适用于$F(D_n,D_{n-1})=0$）：

①验证$n=1$时，命题成立；

②假设$n=k$（$\geqslant2$）时，命题成立；

③证明$n=k+1$时，命题成立.

则命题对任意正整数n成立.

（2）第二数学归纳法（适用于$F(D_n,D_{n-1},D_{n-2})=0$）：

①验证$n=1$和$n=2$时，命题成立；

②假设$n<k$时，命题成立；

③证明 $n=k$（$\geqslant 3$）时，命题成立．

则命题对任意正整数 n 成立．

例 1.6 $D_n=\begin{vmatrix} b & -1 & 0 & \cdots & 0 & 0 \\ 0 & b & -1 & \cdots & 0 & 0 \\ \vdots & \vdots & \vdots & & \vdots & \vdots \\ 0 & 0 & 0 & \cdots & b & -1 \\ a_n & a_{n-1} & a_{n-2} & \cdots & a_2 & b+a_1 \end{vmatrix}=$________.

【解】应填 $b^n+a_1b^{n-1}+a_2b^{n-2}+\cdots+a_{n-1}b+a_n$.

递推法．按第 1 列展开，得

$$D_n=b\begin{vmatrix} b & -1 & 0 & \cdots & 0 & 0 \\ 0 & b & -1 & \cdots & 0 & 0 \\ \vdots & \vdots & \vdots & & \vdots & \vdots \\ a_{n-1} & a_{n-2} & a_{n-3} & \cdots & a_2 & b+a_1 \end{vmatrix}_{n-1}+(-1)^{n+1}a_n\begin{vmatrix} -1 & 0 & \cdots & 0 & 0 \\ b & -1 & \cdots & 0 & 0 \\ \vdots & \vdots & & \vdots & \vdots \\ 0 & 0 & \cdots & b & -1 \end{vmatrix}_{n-1}$$

$$=bD_{n-1}+a_n.$$

下面做递推，得

$$\begin{aligned} D_n&=bD_{n-1}+a_n=b(bD_{n-2}+a_{n-1})+a_n=b^2D_{n-2}+a_{n-1}b+a_n \\ &=b^2(bD_{n-3}+a_{n-2})+a_{n-1}b+a_n \\ &=\cdots=b^{n-1}D_1+a_2b^{n-2}+\cdots+a_{n-1}b+a_n, \end{aligned}$$

其中 $D_1\overset{(*)}{=\!=\!=}b+a_1$，故 $D_n=b^n+a_1b^{n-1}+a_2b^{n-2}+\cdots+a_{n-1}b+a_n$.

【注】(1)(*)处提醒考生注意，D_n 的元素分布规律应从右下角往左上看，写出 D_k（$k=1,2,\cdots,n-1,n$）供考生参考：

$$D_k=\begin{vmatrix} b & -1 & 0 & \cdots & 0 & 0 \\ 0 & b & -1 & \cdots & 0 & 0 \\ \vdots & \vdots & \vdots & & \vdots & \vdots \\ 0 & 0 & 0 & \cdots & b & -1 \\ a_k & a_{k-1} & a_{k-2} & \cdots & a_2 & b+a_1 \end{vmatrix}.$$

→异爪形行列式

事实上，选第 1 列展开是基于 D_n 的这种元素分布规律，若选第 n 列展开，余子式便不是 D_{n-1}，破坏了元素分布规律，无法建立递推公式．

(2) 本题也可用第一数学归纳法做．由

$$D_1=b+a_1,$$

$$D_2=\begin{vmatrix} b & -1 \\ a_2 & b+a_1 \end{vmatrix}=b^2+a_1b+a_2,$$

设
$$D_k=b^k+a_1b^{k-1}+\cdots+a_{k-1}b+a_k, \quad ①$$
现在来看 D_{k+1}. 将 D_{k+1} 按第 1 列展开，由上述解析，知
$$D_{k+1}=bD_k+a_{k+1}, \quad ②$$
将归纳假设①式代入②式，得
$$\begin{aligned}D_{k+1}&=b(b^k+a_1b^{k-1}+\cdots+a_{k-1}b+a_k)+a_{k+1}\\&=b^{k+1}+a_1b^k+\cdots+a_{k-1}b^2+a_kb+a_{k+1},\end{aligned}$$
因此①式对任何正整数 k 都成立，即得
$$D_n=b^n+a_1b^{n-1}+\cdots+a_{n-1}b+a_n.$$

例 1.7 证明：n 阶行列式
$$D_n=\begin{vmatrix}2a & 1 & 0 & \cdots & 0 & 0\\ a^2 & 2a & 1 & \cdots & 0 & 0\\ 0 & a^2 & 2a & \cdots & 0 & 0\\ \vdots & \vdots & \vdots & & \vdots & \vdots\\ 0 & 0 & 0 & \cdots & 2a & 1\\ 0 & 0 & 0 & \cdots & a^2 & 2a\end{vmatrix}=(n+1)a^n.$$

【证】第二数学归纳法.

当 $n=1$ 时，$D_1=2a=(1+1)a^1$，命题成立.

当 $n=2$ 时，$D_2=\begin{vmatrix}2a & 1\\ a^2 & 2a\end{vmatrix}=4a^2-a^2=3a^2=(2+1)a^2$，命题成立.

假设 $n<k$ 时，命题成立，当 $n=k(\geqslant 3)$ 时，D_k 按第 1 列展开，得
$$D_k=2aD_{k-1}+(-1)^{1+2}a^2\begin{vmatrix}1 & 0 & 0 & \cdots & 0 & 0\\ a^2 & 2a & 1 & \cdots & 0 & 0\\ 0 & a^2 & 2a & \cdots & 0 & 0\\ \vdots & \vdots & \vdots & & \vdots & \vdots\\ 0 & 0 & 0 & \cdots & 2a & 1\\ 0 & 0 & 0 & \cdots & a^2 & 2a\end{vmatrix}_{k-1}$$
$$\begin{aligned}&=2aD_{k-1}-a^2D_{k-2}\\&=2a(k-1+1)a^{k-1}-a^2(k-2+1)a^{k-2}=(k+1)a^k,\end{aligned}$$
得证，命题成立.

【注】一般来说，当命题直接要求计算行列式时，优先考虑递推法，如例 1.6. 当命题给出行列式的结果，要求证明之时，优先考虑数学归纳法，如例 1.7.

三 抽象型行列式的计算：a_{ij} 未给出

1. 用行列式的性质

用行列式的性质将所求行列式进一步化成已知行列式.

2. 用矩阵知识

（1）设 $\boldsymbol{C}=\boldsymbol{AB}$，$\boldsymbol{A}$，$\boldsymbol{B}$ 为同阶方阵，则 $|\boldsymbol{C}|=|\boldsymbol{AB}|=|\boldsymbol{A}|\,|\boldsymbol{B}|$.

（2）设 $\boldsymbol{C}=\boldsymbol{A}+\boldsymbol{B}$，$\boldsymbol{A}$，$\boldsymbol{B}$ 为同阶方阵，则 $|\boldsymbol{C}|=|\boldsymbol{A}+\boldsymbol{B}|$，但由于 $|\boldsymbol{A}+\boldsymbol{B}|$ 不一定等于 $|\boldsymbol{A}|+|\boldsymbol{B}|$，故需对 $|\boldsymbol{A}+\boldsymbol{B}|$ 作恒等变形，转化为矩阵乘积的行列式.这里的恒等变形一般是①由题设条件如 $\boldsymbol{E}=\boldsymbol{AA}^{\mathrm{T}}$，②用 $\boldsymbol{E}=\boldsymbol{AA}^{-1}$ 等.

（3）设 $\boldsymbol{A}$ 为 n 阶矩阵，则 $|\boldsymbol{A}^*|=|\boldsymbol{A}|^{n-1}$，$|(\boldsymbol{A}^*)^*|=||\boldsymbol{A}|^{n-2}\boldsymbol{A}|=|\boldsymbol{A}|^{(n-1)^2}$.更全面的公式总结在第3讲"二"处.

例 1.8 设 $\boldsymbol{A}=[\boldsymbol{\alpha}_1,\boldsymbol{\alpha}_2,\boldsymbol{\alpha}_3]$ 是3阶矩阵，且 $|\boldsymbol{A}|=5$，若

$$\boldsymbol{B}=[\boldsymbol{\alpha}_1-3\boldsymbol{\alpha}_2+2\boldsymbol{\alpha}_3,\ \boldsymbol{\alpha}_2-2\boldsymbol{\alpha}_3,\ 2\boldsymbol{\alpha}_2+\boldsymbol{\alpha}_3],$$

则 $|\boldsymbol{B}|=$________.

【解】应填25.

法一 利用行列式的性质.

$$\begin{aligned}|\boldsymbol{B}|&=|\boldsymbol{\alpha}_1-3\boldsymbol{\alpha}_2+2\boldsymbol{\alpha}_3,\ \boldsymbol{\alpha}_2-2\boldsymbol{\alpha}_3,\ 2\boldsymbol{\alpha}_2+\boldsymbol{\alpha}_3|\\&=|\boldsymbol{\alpha}_1-3\boldsymbol{\alpha}_2+2\boldsymbol{\alpha}_3,\ \boldsymbol{\alpha}_2-2\boldsymbol{\alpha}_3,\ 5\boldsymbol{\alpha}_3|\\&=5|\boldsymbol{\alpha}_1-3\boldsymbol{\alpha}_2+2\boldsymbol{\alpha}_3,\ \boldsymbol{\alpha}_2-2\boldsymbol{\alpha}_3,\ \boldsymbol{\alpha}_3|\\&=5|\boldsymbol{\alpha}_1-3\boldsymbol{\alpha}_2,\ \boldsymbol{\alpha}_2,\ \boldsymbol{\alpha}_3|\\&=5|\boldsymbol{\alpha}_1,\ \boldsymbol{\alpha}_2,\ \boldsymbol{\alpha}_3|=5|\boldsymbol{A}|\\&=5\times5=25.\end{aligned}$$

（旁注：(−2)倍加至；提出5；(−2)倍加至；2倍加至；3倍加至）

法二

$$\begin{aligned}\boldsymbol{B}&=[\boldsymbol{\alpha}_1-3\boldsymbol{\alpha}_2+2\boldsymbol{\alpha}_3,\ \boldsymbol{\alpha}_2-2\boldsymbol{\alpha}_3,\ 2\boldsymbol{\alpha}_2+\boldsymbol{\alpha}_3]\\&=[\boldsymbol{\alpha}_1,\boldsymbol{\alpha}_2,\boldsymbol{\alpha}_3]\begin{bmatrix}1&0&0\\-3&1&2\\2&-2&1\end{bmatrix},\end{aligned}$$

故

$$|\boldsymbol{B}|=|\boldsymbol{A}|\begin{vmatrix}1&0&0\\-3&1&2\\2&-2&1\end{vmatrix}=5\times5=25.$$

例 1.9 已知 n 阶行列式 $|\boldsymbol{A}|=3$，将 $|\boldsymbol{A}|$ 中的每一列减去其余各列得到的行列式记为 $|\boldsymbol{B}|$，则 $|\boldsymbol{B}|=$________.

【解】应填 $3(2-n)2^{n-1}$.

将 $\boldsymbol{A}$ 按列分块，记 $\boldsymbol{A}=[\boldsymbol{\alpha}_1,\boldsymbol{\alpha}_2,\cdots,\boldsymbol{\alpha}_n]$，则有

$$|\boldsymbol{B}|=\left|\boldsymbol{\alpha}_1-\sum_{i\neq 1}\boldsymbol{\alpha}_i,\boldsymbol{\alpha}_2-\sum_{i\neq 2}\boldsymbol{\alpha}_i,\cdots,\boldsymbol{\alpha}_n-\sum_{i\neq n}\boldsymbol{\alpha}_i\right|$$

$$=|\boldsymbol{\alpha}_1,\boldsymbol{\alpha}_2,\cdots,\boldsymbol{\alpha}_n|\begin{vmatrix}1&-1&\cdots&-1\\-1&1&\cdots&-1\\\vdots&\vdots&&\vdots\\-1&-1&\cdots&1\end{vmatrix}=3\begin{vmatrix}1-(n-1)&-1&\cdots&-1\\1-(n-1)&1&\cdots&-1\\\vdots&\vdots&&\vdots\\1-(n-1)&-1&\cdots&1\end{vmatrix}$$

$$=3(2-n)\begin{vmatrix}1&-1&\cdots&-1\\1&1&\cdots&-1\\\vdots&\vdots&&\vdots\\1&-1&\cdots&1\end{vmatrix}=3(2-n)\begin{vmatrix}1&0&\cdots&0\\1&2&\cdots&0\\\vdots&\vdots&&\vdots\\1&0&\cdots&2\end{vmatrix}$$

$$=3(2-n)2^{n-1}.$$

1倍加至 1倍加至 提出(2−n) 1倍加至 1倍加至 1倍加至 1倍加至

例 1.10 设 $\boldsymbol{A}$ 是 n 阶正交矩阵，其中 $\boldsymbol{E}$ 是 n 阶单位矩阵，$|\boldsymbol{A}|=-1$，则 $|\boldsymbol{A}+\boldsymbol{E}|=$________.

【解】应填 0.

法一 由 $\boldsymbol{A}$ 是正交矩阵，则 $\boldsymbol{A}\boldsymbol{A}^{\mathrm{T}}=\boldsymbol{E}$，得

$$|\boldsymbol{A}+\boldsymbol{E}|=|\boldsymbol{A}+\boldsymbol{A}\boldsymbol{A}^{\mathrm{T}}|=|\boldsymbol{A}(\boldsymbol{E}+\boldsymbol{A}^{\mathrm{T}})|=|\boldsymbol{A}||\boldsymbol{E}+\boldsymbol{A}^{\mathrm{T}}|$$
$$=|\boldsymbol{A}||(\boldsymbol{E}+\boldsymbol{A})^{\mathrm{T}}|=|\boldsymbol{A}||\boldsymbol{E}+\boldsymbol{A}|,$$

故

$$(1-|\boldsymbol{A}|)|\boldsymbol{E}+\boldsymbol{A}|=0,$$

又 $|\boldsymbol{A}|=-1$，$1-|\boldsymbol{A}|=2\neq 0$，于是 $|\boldsymbol{A}+\boldsymbol{E}|=0$.

法二 由例 8.13 知 $\boldsymbol{A}$ 必有特征值 -1，故 $\boldsymbol{A}+\boldsymbol{E}$ 必有特征值 0，由第 7 讲的“二（2）”知，$|\boldsymbol{A}+\boldsymbol{E}|=0$.

例 1.11 设 $\boldsymbol{A}$ 是 n 阶矩阵，$|\boldsymbol{A}|=1$，则 $|(2\boldsymbol{A})^*|=$________.

【解】应填 2^{n^2-n}.

$$|(2\boldsymbol{A})^*|=|2^{n-1}\boldsymbol{A}^*|$$
$$=(2^{n-1})^n|\boldsymbol{A}^*|=(2^{n-1})^n|\boldsymbol{A}|^{n-1}$$
$$=2^{n^2-n}.$$

$(k\boldsymbol{A})^*=k^{n-1}\boldsymbol{A}^*$

$|k\boldsymbol{A}|=k^n|\boldsymbol{A}|$

3. 用相似理论

（1）$|\boldsymbol{A}|=\prod_{i=1}^{n}\lambda_i$.

（2）若 $\boldsymbol{A}$ 相似于 $\boldsymbol{B}$，则 $|\boldsymbol{A}|=|\boldsymbol{B}|$.

例 1.12 设 3 阶矩阵 $\boldsymbol{A}$ 有特征值 -1，2，3，$\boldsymbol{A}^*$ 是 $\boldsymbol{A}$ 的伴随矩阵，则 $|\boldsymbol{A}+2\boldsymbol{A}^*|=$______.

【解】应填 44.

由于 $|\boldsymbol{A}|=(-1)\times 2\times 3=-6$，故 $\boldsymbol{A}^*$ 的特征值为 $\dfrac{|\boldsymbol{A}|}{\lambda}$（$\lambda$ 为 $\boldsymbol{A}$ 的特征值），即 6，-3，-2，则 $2\boldsymbol{A}^*$ 的特征值为 12，-6，-4，$\boldsymbol{A}+2\boldsymbol{A}^*$ 的特征值为 11，-4，-1，故 $|\boldsymbol{A}+2\boldsymbol{A}^*|=11\times(-4)\times(-1)=44$.

例 1.13 设 $\boldsymbol{A}$ 是 4 阶矩阵，$\boldsymbol{A}^*$ 是 $\boldsymbol{A}$ 的伴随矩阵，$\boldsymbol{A}^*$ 的特征值为 1，-1，-2，4，则 $|\boldsymbol{A}^3+2\boldsymbol{A}^2-\boldsymbol{A}-3\boldsymbol{E}|=$______.

【解】应填 $-\dfrac{253}{8}$.

由于 $|\boldsymbol{A}^*|=1\times(-1)\times(-2)\times 4=8\neq 0$，可知 $\boldsymbol{A}^*$ 可逆，于是 $\boldsymbol{A}$ 可逆. 又 $|\boldsymbol{A}^*|=|\boldsymbol{A}|^{n-1}=|\boldsymbol{A}|^3=8$，得 $|\boldsymbol{A}|=2$. 故 $\boldsymbol{A}$ 的特征值 $\lambda_{\boldsymbol{A}}=\dfrac{|\boldsymbol{A}|}{\lambda_{\boldsymbol{A}^*}}$，即为 2，$-2$，$-1$，$\dfrac{1}{2}$.

设 $f(\boldsymbol{A})=\boldsymbol{A}^3+2\boldsymbol{A}^2-\boldsymbol{A}-3\boldsymbol{E}$，则 $f(\boldsymbol{A})$ 的特征值为

见第7讲的“二（3）①”中的表格：$f(\boldsymbol{A})$ 的特征值为 $f(\lambda)$

$$f(2)=2^3+2\times 2^2-2-3=11,$$
$$f(-2)=(-2)^3+2\times(-2)^2+2-3=-1,$$
$$f(-1)=-1+2+1-3=-1,$$
$$f\left(\frac{1}{2}\right)=\left(\frac{1}{2}\right)^3+2\times\left(\frac{1}{2}\right)^2-\frac{1}{2}-3=-\frac{23}{8},$$

故

$$|\boldsymbol{A}^3+2\boldsymbol{A}^2-\boldsymbol{A}-3\boldsymbol{E}|=f(2)\cdot f(-2)\cdot f(-1)\cdot f\left(\frac{1}{2}\right)=-\frac{253}{8}.$$

四 综合题

以行列式的形式给出函数后，可与高等数学知识结合命制综合题.

例 1.14 设 $f(x)=\begin{vmatrix}1&1&1&1\\1&3&9&27\\1&-2&4&-8\\1&x&x^2&x^3\end{vmatrix}$，则 $f(x)$ 与 x 轴所围封闭图形的面积为______.

【解】应填 $\dfrac{1\,265}{2}$.

$$f(x)=\begin{vmatrix}1&1&1&1\\1&3&9&27\\1&-2&4&-8\\1&x&x^2&x^3\end{vmatrix}\xlongequal{\text{转置}}\begin{vmatrix}1&1&1&1\\1&3&-2&x\\1&9&4&x^2\\1&27&-8&x^3\end{vmatrix}$$

$$\overset{(*)}{=\!=\!=}(3-1)(-2-1)(x-1)(-2-3)(x-3)(x+2)$$

$$=30(x-1)(x-3)(x+2)$$

$$=30(x^3-2x^2-5x+6),$$

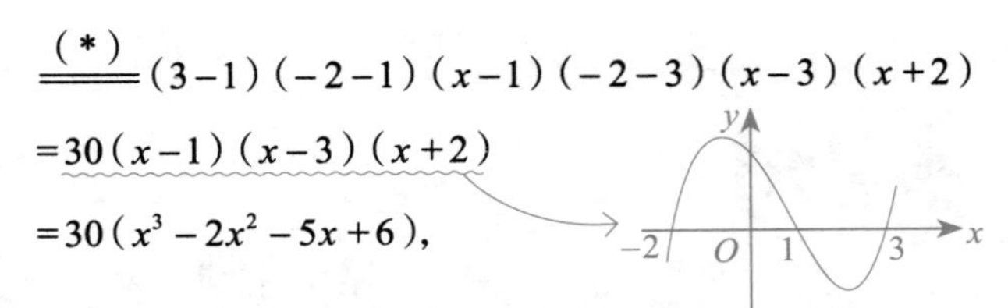

故 $f(x)=0$ 的所有根为 1，3，−2.

当 $x<-2$ 时，$f(x)<0$；当 $-2<x<1$ 时，$f(x)>0$；当 $1<x<3$ 时，$f(x)<0$；当 $x>3$ 时，$f(x)>0$. 故 $f(x)$ 与 x 轴所围封闭图形的面积为

$$S=\int_{-2}^{1}f(x)\mathrm{d}x-\int_{1}^{3}f(x)\mathrm{d}x$$

$$=30\int_{-2}^{1}(x^3-2x^2-5x+6)\mathrm{d}x-30\int_{1}^{3}(x^3-2x^2-5x+6)\mathrm{d}x$$

$$=30\left(\frac{1}{4}x^4-\frac{2}{3}x^3-\frac{5}{2}x^2+6x\right)\Bigg|_{-2}^{1}-30\left(\frac{1}{4}x^4-\frac{2}{3}x^3-\frac{5}{2}x^2+6x\right)\Bigg|_{1}^{3}$$

$$=\frac{1265}{2}.$$

【注】(*) 处来自范德蒙德行列式.

第2讲 余子式和代数余子式的计算

知识结构

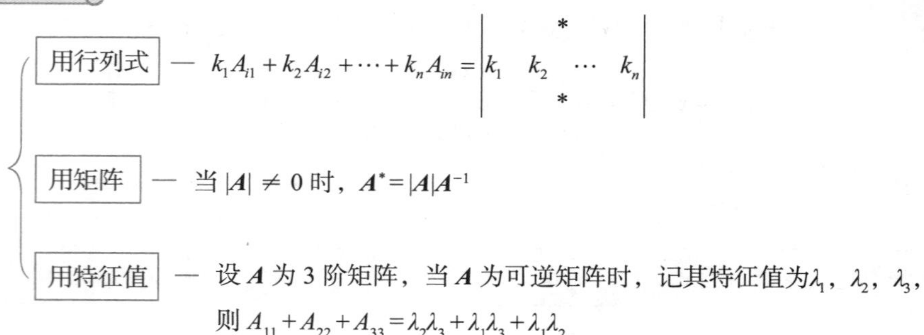

一 用行列式

由

$$a_{i1}A_{i1}+a_{i2}A_{i2}+\cdots+a_{in}A_{in}=\begin{vmatrix} & * & \\ a_{i1} & a_{i2} & \cdots & a_{in} \\ & * & \end{vmatrix}, \quad ①$$

得

$$k_1A_{i1}+k_2A_{i2}+\cdots+k_nA_{in}=\begin{vmatrix} & * & \\ k_1 & k_2 & \cdots & k_n \\ & * & \end{vmatrix}, \quad ②$$

其中 * 处表示元素不变，①，②的区别仅在于第 i 行的元素 a_{i1}，a_{i2}，…，a_{in} 换成了 k_1，k_2，…，k_n，这样，给出不同的系数 k_1，k_2，…，k_n，就得到不同的行列式 .

【注】若要求 $k_1M_{i1}+k_2M_{i2}+\cdots+k_nM_{in}$，只需用 $M_{ij}=(-1)^{i+j}A_{ij}$ 化为关于 A_{ij} 的线性组合即可 .

例 2.1 设 $\begin{vmatrix} 2 & 1 & 0 & -1 \\ -1 & 2 & -5 & 3 \\ 3 & 0 & a & b \\ 1 & -3 & 5 & 0 \end{vmatrix}=A_{41}-A_{42}+A_{43}+10$，其中 A_{ij} 为元素 a_{ij} 的代数余子式，则 a，b 的值为（　　）.

（A）$a=4$，$b=1$　（B）$a=1$，$b=4$　（C）$a=4$，b 为任意常数　（D）$a=1$，b 为任意常数

【解】应选（C）.

$$A_{41}-A_{42}+A_{43}=1\cdot A_{41}+(-1)\cdot A_{42}+1\cdot A_{43}+0\cdot A_{44}=\begin{vmatrix}2&1&0&-1\\-1&2&-5&3\\3&0&a&b\\1&-1&1&0\end{vmatrix},$$

故

$$\begin{vmatrix}2&1&0&-1\\-1&2&-5&3\\3&0&a&b\\1&-3&5&0\end{vmatrix}-(A_{41}-A_{42}+A_{43})=\begin{vmatrix}2&1&0&-1\\-1&2&-5&3\\3&0&a&b\\1&-3&5&0\end{vmatrix}-\begin{vmatrix}2&1&0&-1\\-1&2&-5&3\\3&0&a&b\\1&-1&1&0\end{vmatrix}=10(a-3)=10,$$

（见例1.1）

所以 $a=4$，b 为任意常数 .

二 用矩阵

当 $|\boldsymbol{A}|\neq 0$ 时，

$$\boldsymbol{A}^*=|\boldsymbol{A}|\boldsymbol{A}^{-1}. \quad ③$$

由于 $\boldsymbol{A}^*$ 由 A_{ij} 组成，用③式求出 $\boldsymbol{A}^*$，即得到所有的 A_{ij}，但要注意，此方法要求 $|\boldsymbol{A}|\neq 0$，这是前提，也是一种限制 .

例 2.2 设 $\boldsymbol{A}=\begin{bmatrix}0&0&0&5&6\\0&0&0&7&8\\1&2&3&0&0\\0&1&4&0&0\\0&0&1&0&0\end{bmatrix}$，则 $|\boldsymbol{A}|$ 中所有元素的代数余子式之和为________.

【解】应填 -4.

令 $\boldsymbol{B}=\begin{bmatrix}5&6\\7&8\end{bmatrix}$，$\boldsymbol{C}=\begin{bmatrix}1&2&3\\0&1&4\\0&0&1\end{bmatrix}$，则

$$\boldsymbol{A}=\begin{bmatrix}\boldsymbol{O}&\boldsymbol{B}\\\boldsymbol{C}&\boldsymbol{O}\end{bmatrix},\ \boldsymbol{A}^{-1}=\begin{bmatrix}\boldsymbol{O}&\boldsymbol{C}^{-1}\\\boldsymbol{B}^{-1}&\boldsymbol{O}\end{bmatrix},$$

（由第3讲“三”中的“2⑦”知）

其中 $\boldsymbol{B}^{-1}=\begin{bmatrix}-4&3\\\frac{7}{2}&-\frac{5}{2}\end{bmatrix}$，$\boldsymbol{C}^{-1}=\begin{bmatrix}1&-2&5\\0&1&-4\\0&0&1\end{bmatrix}$.

于是，

$$|\boldsymbol{A}|=(-1)^{2\times 3}|\boldsymbol{B}||\boldsymbol{C}|=(-2)\times 1=-2,$$

$$A^*=|A|A^{-1}=-2\begin{bmatrix}O & C^{-1}\\ B^{-1} & O\end{bmatrix}=-2\begin{bmatrix}0&0&1&-2&5\\0&0&0&1&-4\\0&0&0&0&1\\-4&3&0&0&0\\\frac{7}{2}&-\frac{5}{2}&0&0&0\end{bmatrix},$$

故 $|A|$ 中所有元素的代数余子式之和为$\sum_{i=1}^{5}\sum_{j=1}^{5}A_{ij}=-2\times2=-4.$

三 用特征值

设 A 为 3 阶矩阵，当 A 为可逆矩阵时，记其特征值为λ_1，λ_2，λ_3，则 A^{-1} 的特征值为λ_1^{-1}，λ_2^{-1}，λ_3^{-1}，且由 $A^*=|A|A^{-1}=\lambda_1\lambda_2\lambda_3A^{-1}$，可知 A^* 的特征值为

$$\lambda_1^*=\lambda_1\lambda_2\lambda_3\cdot\lambda_1^{-1}=\lambda_2\lambda_3,\ \lambda_2^*=\lambda_1\lambda_2\lambda_3\cdot\lambda_2^{-1}=\lambda_1\lambda_3,\ \lambda_3^*=\lambda_1\lambda_2\lambda_3\cdot\lambda_3^{-1}=\lambda_1\lambda_2,$$

故由

$$A^*=\begin{bmatrix}A_{11}&A_{21}&A_{31}\\A_{12}&A_{22}&A_{32}\\A_{13}&A_{23}&A_{33}\end{bmatrix},$$

知 $A_{11}+A_{22}+A_{33}=\mathrm{tr}(A^*)=\lambda_1^*+\lambda_2^*+\lambda_3^*=\lambda_2\lambda_3+\lambda_1\lambda_3+\lambda_1\lambda_2$.

这些公式易记、好用，考生应熟知.

例 2.3　已知 3 阶方阵 A 的特征值为 -1，2，3，则 $A_{11}+A_{22}+A_{33}=$________.

【解】应填 1.

记 $\lambda_1=-1$，$\lambda_2=2$，$\lambda_3=3$，由上述公式，有

$$\begin{aligned}A_{11}+A_{22}+A_{33}=\mathrm{tr}(A^*)&=\lambda_1^*+\lambda_2^*+\lambda_3^*\\&=\lambda_2\lambda_3+\lambda_1\lambda_3+\lambda_1\lambda_2\\&=2\times3+(-1)\times3+(-1)\times2\\&=6-3-2=1.\end{aligned}$$

第3讲 矩阵运算

知识结构

- 求 A^n
  - A 为方阵且 $r(A)=1$ — $A^n=[\mathrm{tr}(A)]^{n-1}A$
  - 试算 A^2（或 A^3），找规律
    - ①若 $A^2=kA$，则 $A^n=k^{n-1}A$
    - ②若 $A^2=kE$，则 $\begin{cases}A^{2n}=k^nE\\A^{2n+1}=k^nA\end{cases}$
  - $A\xlongequal{\text{分解}}B+C$
    - ①若 $A=B+C$，$BC=CB$，则 $A^n=B^n+nB^{n-1}C+\dfrac{n(n-1)}{2!}B^{n-2}C^2+\cdots+C^n$
    - ②在"①"的条件下，若 $B=E$，则 $A^n=E+nC+\dfrac{n(n-1)}{2!}C^2+\cdots+C^n$
    - ③在"①"的条件下，若 $BC=CB=O$，则 $A^n=B^n+C^n$
  - 用初等矩阵知识求 $P_1^mAP_2^n$ — 若 P_1，P_2 均为初等矩阵，m，n 为正整数，则 $P_1^mAP_2^n$ 表示先对 A 作了与 P_1 相同的初等行变换，且重复 m 次；再对 P_1^mA 作了与 P_2 相同的初等列变换，且重复 n 次
  - 用相似理论求 A^n
    - ①若 $A\sim B$，则 $A=PBP^{-1}$，$A^n=PB^nP^{-1}$
    - ②若 $A\sim\Lambda$，则 $A=P\Lambda P^{-1}$，$A^n=P\Lambda^nP^{-1}$
- 关于 A^*，A^{-1} 与初等矩阵
  - A^*
    - 定义 — $A^*=\begin{bmatrix}A_{11}&A_{21}&\cdots&A_{n1}\\A_{12}&A_{22}&\cdots&A_{n2}\\\vdots&\vdots&&\vdots\\A_{1n}&A_{2n}&\cdots&A_{nn}\end{bmatrix}$
    - 公式
      - ① $AA^*=A^*A=|A|E$
      - ② $|A^*|=|A|^{n-1}$
      - ③ $(A^{\mathrm{T}})^*=(A^*)^{\mathrm{T}}$
      - ④ $(kA)^*=k^{n-1}A^*$，$(-A)^*=(-1)^{n-1}A^*$
      - ⑤ $A^{-1}=\dfrac{1}{|A|}A^*$
      - ⑥ $A^*=|A|A^{-1}$
      - ⑦ $(A^*)^{-1}=\dfrac{1}{|A|}A=(A^{-1})^*$
      - ⑧ $(A^*)^*=|A|^{n-2}A$
      - ⑨ $|(A^*)^*|=|A|^{(n-1)^2}$
      - ⑩ $(AB)^*=B^*A^*$
    - 秩

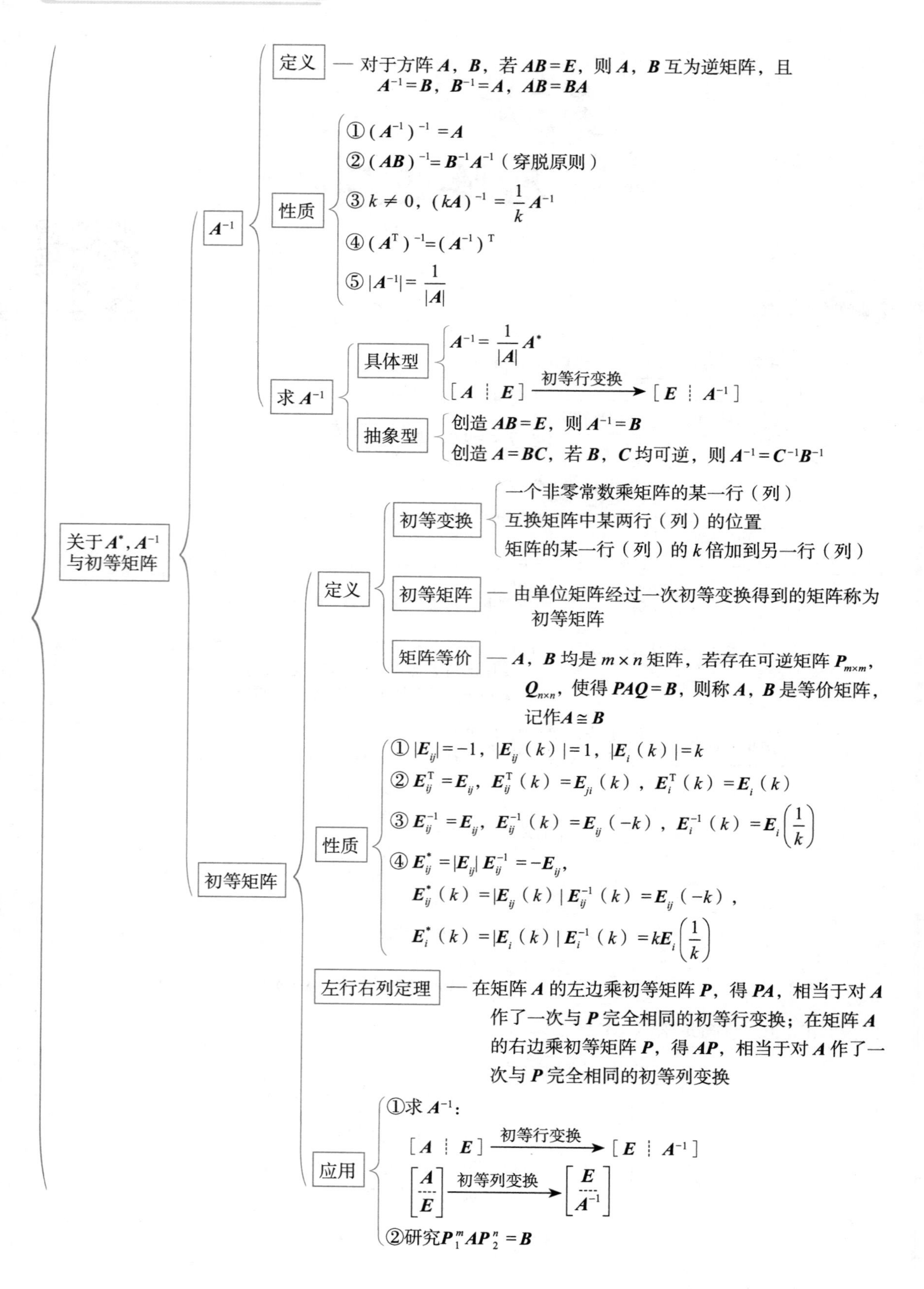
关于A^*, A^{-1}与初等矩阵
A^{-1}
定义
— 对于方阵A，B，若$AB=E$，则A，B互为逆矩阵，且$A^{-1}=B$，$B^{-1}=A$，$AB=BA$
性质
①$(A^{-1})^{-1}=A$
②$(AB)^{-1}=B^{-1}A^{-1}$（穿脱原则）
③$k\neq 0$，$(kA)^{-1}=\frac{1}{k}A^{-1}$
④$(A^{\mathrm{T}})^{-1}=(A^{-1})^{\mathrm{T}}$
⑤$|A^{-1}|=\frac{1}{|A|}$
求A^{-1}
具体型
$A^{-1}=\frac{1}{|A|}A^*$
$[A \mid E]\xrightarrow{\text{初等行变换}}[E \mid A^{-1}]$
抽象型
创造$AB=E$，则$A^{-1}=B$
创造$A=BC$，若B，C均可逆，则$A^{-1}=C^{-1}B^{-1}$
初等矩阵
定义
初等变换
一个非零常数乘矩阵的某一行（列）
互换矩阵中某两行（列）的位置
矩阵的某一行（列）的k倍加到另一行（列）
初等矩阵
— 由单位矩阵经过一次初等变换得到的矩阵称为初等矩阵
矩阵等价
— A，B均是$m\times n$矩阵，若存在可逆矩阵$P_{m\times m}$，$Q_{n\times n}$，使得$PAQ=B$，则称A，B是等价矩阵，记作$A\cong B$
性质
①$|E_{ij}|=-1$，$|E_{ij}(k)|=1$，$|E_i(k)|=k$
②$E_{ij}^{\mathrm{T}}=E_{ij}$，$E_{ij}^{\mathrm{T}}(k)=E_{ji}(k)$，$E_i^{\mathrm{T}}(k)=E_i(k)$
③$E_{ij}^{-1}=E_{ij}$，$E_{ij}^{-1}(k)=E_{ij}(-k)$，$E_i^{-1}(k)=E_i\left(\frac{1}{k}\right)$
④$E_{ij}^*=|E_{ij}|E_{ij}^{-1}=-E_{ij}$，
$E_{ij}^*(k)=|E_{ij}(k)|E_{ij}^{-1}(k)=E_{ij}(-k)$，
$E_i^*(k)=|E_i(k)|E_i^{-1}(k)=kE_i\left(\frac{1}{k}\right)$
左行右列定理
— 在矩阵A的左边乘初等矩阵P，得PA，相当于对A作了一次与P完全相同的初等行变换；在矩阵A的右边乘初等矩阵P，得AP，相当于对A作了一次与P完全相同的初等列变换
应用
①求A^{-1}：
$[A \mid E]\xrightarrow{\text{初等行变换}}[E \mid A^{-1}]$
$\begin{bmatrix}A\\ E\end{bmatrix}\xrightarrow{\text{初等列变换}}\begin{bmatrix}E\\ A^{-1}\end{bmatrix}$
②研究$P_1^mAP_2^n=B$

分块矩阵

定义 — 用几条横线和纵线把一个矩阵分成若干小块，每一小块称为原矩阵的子块．把子块看作原矩阵的一个元素，就得到了分块矩阵

运算

①转置：$\begin{bmatrix} A & B \\ C & D \end{bmatrix}^{T}=\begin{bmatrix} A^{T} & C^{T} \\ B^{T} & D^{T} \end{bmatrix}$

②加法：$\begin{bmatrix} A_1 & A_2 \\ A_3 & A_4 \end{bmatrix}+\begin{bmatrix} B_1 & B_2 \\ B_3 & B_4 \end{bmatrix}=\begin{bmatrix} A_1+B_1 & A_2+B_2 \\ A_3+B_3 & A_4+B_4 \end{bmatrix}$

③数乘：$k\begin{bmatrix} A & B \\ C & D \end{bmatrix}=\begin{bmatrix} kA & kB \\ kC & kD \end{bmatrix}$

④乘法：$\begin{bmatrix} A & B \\ C & D \end{bmatrix}\begin{bmatrix} X & Y \\ Z & W \end{bmatrix}=\begin{bmatrix} AX+BZ & AY+BW \\ CX+DZ & CY+DW \end{bmatrix}$

⑤若 A，B 分别为 m，n 阶方阵，则分块对角矩阵的幂为$\begin{bmatrix} A & O \\ O & B \end{bmatrix}^{k}=\begin{bmatrix} A^{k} & O \\ O & B^{k} \end{bmatrix}$

⑥设 B 是 r 阶可逆矩阵，C 是 s 阶可逆矩阵，则以下矩阵可逆，且

$\begin{bmatrix} B & O \\ D & C \end{bmatrix}^{-1}=\begin{bmatrix} B^{-1} & O \\ -C^{-1}DB^{-1} & C^{-1} \end{bmatrix}$，$\begin{bmatrix} B & D \\ O & C \end{bmatrix}^{-1}=\begin{bmatrix} B^{-1} & -B^{-1}DC^{-1} \\ O & C^{-1} \end{bmatrix}$，

$\begin{bmatrix} O & B \\ C & D \end{bmatrix}^{-1}=\begin{bmatrix} -C^{-1}DB^{-1} & C^{-1} \\ B^{-1} & O \end{bmatrix}$，$\begin{bmatrix} D & B \\ C & O \end{bmatrix}^{-1}=\begin{bmatrix} O & C^{-1} \\ B^{-1} & -B^{-1}DC^{-1} \end{bmatrix}$

⑦主对角线分块矩阵 $A=\begin{bmatrix} A_1 & & & \\ & A_2 & & \\ & & \ddots & \\ & & & A_s \end{bmatrix}$，若 A_i（$i=1$，2，…，s）均可逆，则 A 可逆，且 $A^{-1}=\begin{bmatrix} A_1^{-1} & & & \\ & A_2^{-1} & & \\ & & \ddots & \\ & & & A_s^{-1} \end{bmatrix}$；副对角线分块矩阵

$A=\begin{bmatrix} & & & A_1 \\ & & A_2 & \\ & \iddots & & \\ A_s & & & \end{bmatrix}$，若 A_i（$i=1$，2，…，s）均可逆，则 A 可逆，

且 $A^{-1}=\begin{bmatrix} & & & A_s^{-1} \\ & & \iddots & \\ & A_2^{-1} & & \\ A_1^{-1} & & & \end{bmatrix}$

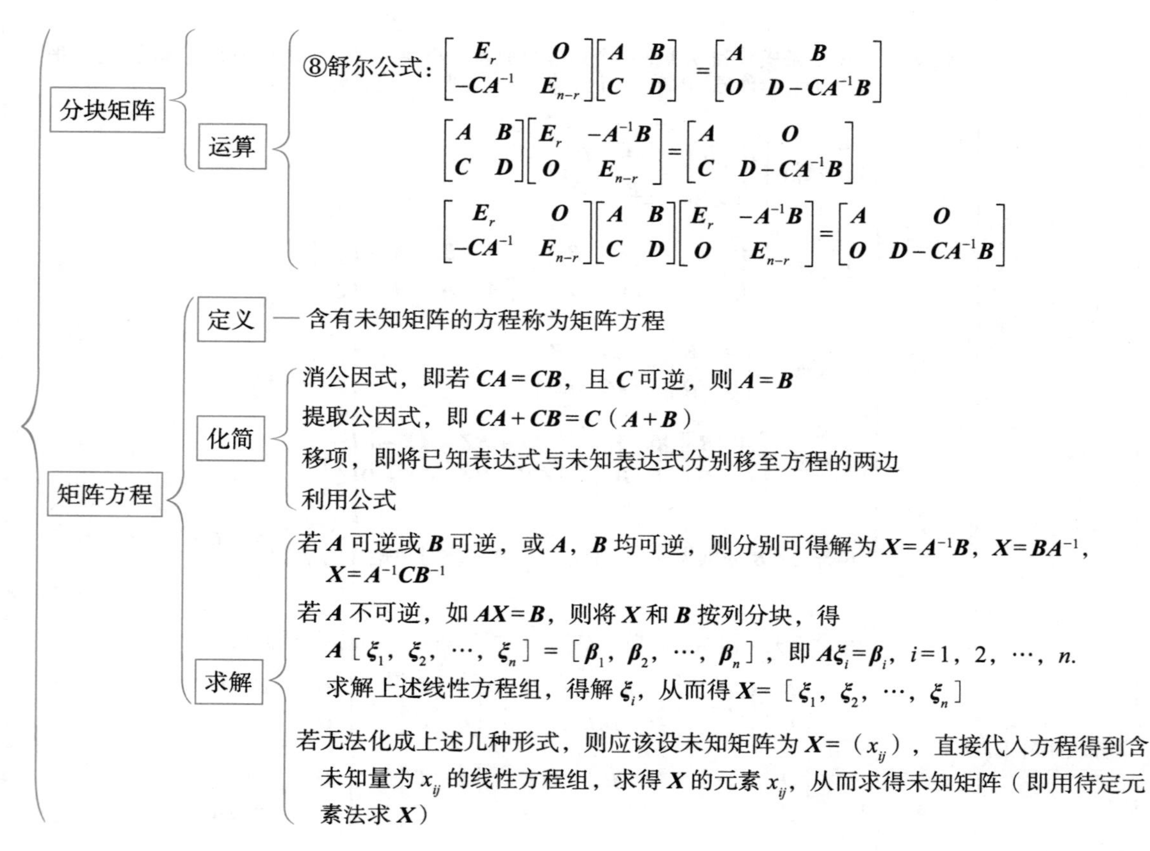

由 $m\times n$ 个数 a_{ij}（$i=1,2,\cdots,m$；$j=1,2,\cdots,n$）排成的 m 行 n 列的矩形表格

$$\begin{bmatrix} a_{11} & a_{12} & \cdots & a_{1n} \\ a_{21} & a_{22} & \cdots & a_{2n} \\ \vdots & \vdots & & \vdots \\ a_{m1} & a_{m2} & \cdots & a_{mn} \end{bmatrix}$$

称为一个 $m\times n$ 矩阵，简记为 A 或 $(a_{ij})_{m\times n}$. 当 $m=n$ 时，称 A 为 n 阶方阵.

1. A 为方阵且 $r(A)=1$

若 a_i，b_i（$i=1,2,3$）不全为 0，$A=\begin{bmatrix} a_1b_1 & a_1b_2 & a_1b_3 \\ a_2b_1 & a_2b_2 & a_2b_3 \\ a_3b_1 & a_3b_2 & a_3b_3 \end{bmatrix}=\begin{bmatrix} a_1 \\ a_2 \\ a_3 \end{bmatrix}[b_1,b_2,b_3]\xlongequal{\text{记}}\alpha\beta^{\mathrm{T}}$，则 $r(A)=1$，

$$A^n=(\alpha\beta^{\mathrm{T}})(\alpha\beta^{\mathrm{T}})\cdots(\alpha\beta^{\mathrm{T}})=\alpha(\beta^{\mathrm{T}}\alpha)(\beta^{\mathrm{T}}\alpha)\cdots(\beta^{\mathrm{T}}\alpha)\beta^{\mathrm{T}}$$

$$=\left(\sum_{i=1}^{3}a_ib_i\right)^{n-1}\boldsymbol{A}=[\mathrm{tr}(\boldsymbol{A})]^{n-1}\boldsymbol{A}.$$

对于 m（$m>3$）阶方阵，若 $r(\boldsymbol{A})=1$，同样有$\boldsymbol{A}^n=[\mathrm{tr}(\boldsymbol{A})]^{n-1}\boldsymbol{A}$.

例 3.1　设$\boldsymbol{A}=\begin{bmatrix}2&6&-4\\-1&-3&2\\3&9&-6\end{bmatrix}$，则$\boldsymbol{A}^{10}=$________.

【解】应填$(-7)^9\begin{bmatrix}2&6&-4\\-1&-3&2\\3&9&-6\end{bmatrix}$.

注意这种写法，第一列元素是原矩阵各行的比例，且使得其为恒等变形

由题可得$\boldsymbol{A}=\begin{bmatrix}2\\-1\\3\end{bmatrix}[1,3,-2]$，故

$\boldsymbol{A}^n=[\mathrm{tr}(\boldsymbol{A})]^{n-1}\boldsymbol{A}$

$$\boldsymbol{A}^{10}=\begin{bmatrix}2\\-1\\3\end{bmatrix}\underbrace{[1,3,-2]\begin{bmatrix}2\\-1\\3\end{bmatrix}[1,3,-2]\cdots\begin{bmatrix}2\\-1\\3\end{bmatrix}}_{9个(-7)相乘}[1,3,-2]=(-7)^9\boldsymbol{A}=(-7)^9\begin{bmatrix}2&6&-4\\-1&-3&2\\3&9&-6\end{bmatrix}.$$

2. 试算 A^2（或 A^3），找规律

（1）若$\boldsymbol{A}^2=k\boldsymbol{A}$，则$\boldsymbol{A}^n=k^{n-1}\boldsymbol{A}$.（本讲中“一”的“1”是这里的特殊情形）.

（2）若$\boldsymbol{A}^2=k\boldsymbol{E}$，则$\begin{cases}\boldsymbol{A}^{2n}=k^n\boldsymbol{E}（若k=-1，则\boldsymbol{A}^4=\boldsymbol{E}），\\\boldsymbol{A}^{2n+1}=k^n\boldsymbol{A}.\end{cases}$

亦有可能试算$\boldsymbol{A}^3$，如$\boldsymbol{A}^3=k\boldsymbol{A}$，这些次数不会太高.

例 3.2　设$\boldsymbol{A}=\begin{bmatrix}2&-3\\1&-2\end{bmatrix}$，则$\boldsymbol{A}^{11}=$________.

【解】应填$\begin{bmatrix}2&-3\\1&-2\end{bmatrix}$.

试算$\boldsymbol{A}^2$，找规律.

$$\boldsymbol{A}^2=\begin{bmatrix}2&-3\\1&-2\end{bmatrix}\begin{bmatrix}2&-3\\1&-2\end{bmatrix}=\begin{bmatrix}1&0\\0&1\end{bmatrix}=\boldsymbol{E},$$

则

$$\boldsymbol{A}^{11}=(\boldsymbol{A}^2)^5\boldsymbol{A}=\boldsymbol{E}^5\boldsymbol{A}=\boldsymbol{A}=\begin{bmatrix}2&-3\\1&-2\end{bmatrix}.$$

【注】(1) 对于 $A=\begin{bmatrix} a & b \\ c & d \end{bmatrix}$，若 $a+d=0$，且 $a^2+bc=1$，则 $A^2=E$.

(2) 在第 8 讲会知道，满足 $A^2=E$ 的实矩阵 A 可相似对角化.

例 3.3 设 $A=\begin{bmatrix} \frac{2}{3} & -\frac{1}{3} & -\frac{1}{3} \\ -\frac{1}{3} & \frac{2}{3} & -\frac{1}{3} \\ -\frac{1}{3} & -\frac{1}{3} & \frac{2}{3} \end{bmatrix}$，则 $A^9=$________.

【解】应填 $\begin{bmatrix} \frac{2}{3} & -\frac{1}{3} & -\frac{1}{3} \\ -\frac{1}{3} & \frac{2}{3} & -\frac{1}{3} \\ -\frac{1}{3} & -\frac{1}{3} & \frac{2}{3} \end{bmatrix}$.

试算 A^2，找规律.

$$A^2=\begin{bmatrix} \frac{2}{3} & -\frac{1}{3} & -\frac{1}{3} \\ -\frac{1}{3} & \frac{2}{3} & -\frac{1}{3} \\ -\frac{1}{3} & -\frac{1}{3} & \frac{2}{3} \end{bmatrix}^2=\frac{1}{9}\begin{bmatrix} 2 & -1 & -1 \\ -1 & 2 & -1 \\ -1 & -1 & 2 \end{bmatrix}^2$$

$$=\frac{1}{9}\begin{bmatrix} 6 & -3 & -3 \\ -3 & 6 & -3 \\ -3 & -3 & 6 \end{bmatrix}=\begin{bmatrix} \frac{2}{3} & -\frac{1}{3} & -\frac{1}{3} \\ -\frac{1}{3} & \frac{2}{3} & -\frac{1}{3} \\ -\frac{1}{3} & -\frac{1}{3} & \frac{2}{3} \end{bmatrix}=A,$$

故 $A^9=(A^2)^4A=A^4A=(A^2)^2A=A^2A=A^2=A=\begin{bmatrix} \frac{2}{3} & -\frac{1}{3} & -\frac{1}{3} \\ -\frac{1}{3} & \frac{2}{3} & -\frac{1}{3} \\ -\frac{1}{3} & -\frac{1}{3} & \frac{2}{3} \end{bmatrix}$.

【注】在第 8 讲会知道，满足 $A^2=A$ 的实矩阵 A 可相似对角化.

例 3.4 设 $A=\begin{bmatrix} 0 & 0 & -1 \\ 0 & 1 & 0 \\ 1 & 0 & 0 \end{bmatrix}$，则 $A^{13}=$________.

【解】应填$\begin{bmatrix}0&0&-1\\0&1&0\\1&0&0\end{bmatrix}$.

试算$\boldsymbol{A}^2$，找规律．由于$\boldsymbol{A}^2=\begin{bmatrix}-1&0&0\\0&1&0\\0&0&-1\end{bmatrix}$，则$\boldsymbol{A}^4=\begin{bmatrix}1&0&0\\0&1&0\\0&0&1\end{bmatrix}=\boldsymbol{E}$，故

$$\boldsymbol{A}^{13}=(\boldsymbol{A}^4)^3\boldsymbol{A}=\boldsymbol{E}^3\boldsymbol{A}=\boldsymbol{A}=\begin{bmatrix}0&0&-1\\0&1&0\\1&0&0\end{bmatrix}.$$

3. $A\overset{\text{分解}}{=\!=}B+C$

若$\boldsymbol{A}=\boldsymbol{B}+\boldsymbol{C}$，$\boldsymbol{BC}=\boldsymbol{CB}$，则

$$\boldsymbol{A}^n=(\boldsymbol{B}+\boldsymbol{C})^n=\boldsymbol{B}^n+n\boldsymbol{B}^{n-1}\boldsymbol{C}+\frac{n(n-1)}{2!}\boldsymbol{B}^{n-2}\boldsymbol{C}^2+\cdots+\boldsymbol{C}^n.$$

（1）若$\boldsymbol{B}=\boldsymbol{E}$，则$\boldsymbol{A}^n=\boldsymbol{E}+n\boldsymbol{C}+\frac{n(n-1)}{2!}\boldsymbol{C}^2+\cdots+\boldsymbol{C}^n$.

（2）若$\boldsymbol{BC}=\boldsymbol{CB}=\boldsymbol{O}$，则$\boldsymbol{A}^n=\boldsymbol{B}^n+\boldsymbol{C}^n$.

例 3.5　设$\boldsymbol{A}=\begin{bmatrix}1&1&-1\\0&1&1\\0&0&1\end{bmatrix}$，则$\boldsymbol{A}^{10}=$________.

【解】应填$\begin{bmatrix}1&10&35\\0&1&10\\0&0&1\end{bmatrix}$.

记$\boldsymbol{A}=\boldsymbol{E}+\boldsymbol{B}$，其中$\boldsymbol{B}=\begin{bmatrix}0&1&-1\\0&0&1\\0&0&0\end{bmatrix}$，$\boldsymbol{B}^2=\begin{bmatrix}0&0&1\\0&0&0\\0&0&0\end{bmatrix}$，$\boldsymbol{B}^3=\boldsymbol{O}$，则

$$\boldsymbol{A}^{10}=(\boldsymbol{E}+\boldsymbol{B})^{10}=\boldsymbol{E}^{10}+10\boldsymbol{E}^9\boldsymbol{B}+\frac{10\times9}{2}\boldsymbol{E}^8\boldsymbol{B}^2$$

$$=\begin{bmatrix}1&0&0\\0&1&0\\0&0&1\end{bmatrix}+\begin{bmatrix}0&10&-10\\0&0&10\\0&0&0\end{bmatrix}+\begin{bmatrix}0&0&45\\0&0&0\\0&0&0\end{bmatrix}$$

$$=\begin{bmatrix}1&10&35\\0&1&10\\0&0&1\end{bmatrix}.$$

【注】由例 8.6 知，$\boldsymbol{A}$不可相似对角化，故不能用$\boldsymbol{A}^n=\boldsymbol{P}\boldsymbol{\Lambda}^n\boldsymbol{P}^{-1}$求$\boldsymbol{A}^n$.

4. 用初等矩阵知识求 $P_1^m A P_2^n$

若 P_1，P_2 均为初等矩阵，m，n 为正整数，则$P_1^m A P_2^n$表示先对 A 作了与 P_1 相同的初等行变换，且重复 m 次；再对$P_1^m A$作了与 P_2 相同的初等列变换，且重复 n 次 .

例 3.6 $\begin{bmatrix}1 & 0\\-1 & 1\end{bmatrix}^3\begin{bmatrix}1 & 2\\-1 & 3\end{bmatrix}\begin{bmatrix}0 & 1\\1 & 0\end{bmatrix}^5=$________.

【解】应填$\begin{bmatrix}2 & 1\\-3 & -4\end{bmatrix}$.

记$A=\begin{bmatrix}1 & 2\\-1 & 3\end{bmatrix}$，$B=\begin{bmatrix}1 & 0\\-1 & 1\end{bmatrix}$，$C=\begin{bmatrix}0 & 1\\1 & 0\end{bmatrix}$，则 B^3A 是将 A 的第 1 行的 -1 倍加到第 2 行，重复 3 次，故 $B^3A=\begin{bmatrix}1 & 2\\-4 & -3\end{bmatrix}$，$B^3AC^5$ 是将 B^3A 的第 1 列与第 2 列互换，重复 5 次，即只互换 1 次，故

$$\text{原式}=B^3AC^5=\begin{bmatrix}2 & 1\\-3 & -4\end{bmatrix}.$$

5. 用相似理论求 A^n

（1）若 $A\sim B$，即 $P^{-1}AP=B$，则 $A=PBP^{-1}$，$A^n=PB^nP^{-1}$.

（2）若 $A\sim\Lambda$，即 $P^{-1}AP=\Lambda$，则 $A=P\Lambda P^{-1}$，$A^n=P\Lambda^nP^{-1}$.

例 3.7 设 A，B，C 均是 3 阶矩阵，且满足 $AB=B^2-BC$，其中 $B=\begin{bmatrix}1 & 1 & 1\\0 & 1 & 1\\0 & 0 & 1\end{bmatrix}$，$C=\begin{bmatrix}0 & 1 & 1\\0 & 0 & 1\\0 & 0 & 1\end{bmatrix}$，则 $A^{99}=$________.

【解】应填$\begin{bmatrix}1 & 0 & -1\\0 & 1 & -1\\0 & 0 & 0\end{bmatrix}$.

由 $|B|=\begin{vmatrix}1 & 1 & 1\\0 & 1 & 1\\0 & 0 & 1\end{vmatrix}=1\neq 0$，知 B 可逆，且由 $AB=B^2-BC=B(B-C)$，得 $A=B(B-C)B^{-1}$，于是

$$A^{99}=B(B-C)B^{-1}B(B-C)B^{-1}\cdots B(B-C)B^{-1}=B(B-C)^{99}B^{-1}.$$

又易知

$$B^{-1}=\begin{bmatrix}1 & -1 & 0\\0 & 1 & -1\\0 & 0 & 1\end{bmatrix},\ B-C=\begin{bmatrix}1 & & \\ & 1 & \\ & & 0\end{bmatrix},$$

故 $$A^{99}=\begin{bmatrix}1&1&1\\0&1&1\\0&0&1\end{bmatrix}\begin{bmatrix}1&&\\&1&\\&&0\end{bmatrix}^{99}\begin{bmatrix}1&-1&0\\0&1&-1\\0&0&1\end{bmatrix}=\begin{bmatrix}1&1&1\\0&1&1\\0&0&1\end{bmatrix}\begin{bmatrix}1&&\\&1&\\&&0\end{bmatrix}\begin{bmatrix}1&-1&0\\0&1&-1\\0&0&1\end{bmatrix}$$

$$=\begin{bmatrix}1&1&1\\0&1&1\\0&0&1\end{bmatrix}\begin{bmatrix}1&-1&0\\0&1&-1\\0&0&0\end{bmatrix}=\begin{bmatrix}1&0&-1\\0&1&-1\\0&0&0\end{bmatrix}.$$

二 关于 A^*，A^{-1} 与初等矩阵

1. A^*

（1）定义．

$$A^*=\begin{bmatrix}A_{11}&A_{21}&\cdots&A_{n1}\\A_{12}&A_{22}&\cdots&A_{n2}\\\vdots&\vdots&&\vdots\\A_{1n}&A_{2n}&\cdots&A_{nn}\end{bmatrix}$$，其中 A_{ij} 是 a_{ij} 的代数余子式，A^* 叫作 A 的伴随矩阵．

（2）公式．

设 A 为 n（$n\geqslant2$）阶矩阵，其中⑤，⑥，⑦要求 A 可逆，则

① $AA^*=A^*A=|A|E$.

② $|A^*|=|A|^{n-1}$.

③ $(A^{\mathrm{T}})^*=(A^*)^{\mathrm{T}}$.

④ $(kA)^*=k^{n-1}A^*$，$(-A)^*=(-1)^{n-1}A^*$.

⑤ $A^{-1}=\dfrac{1}{|A|}A^*$.

⑥ $A^*=|A|A^{-1}$.

⑦ $(A^*)^{-1}=\dfrac{1}{|A|}A=(A^{-1})^*$.

⑧ $(A^*)^*=|A|^{n-2}A$.

⑨ $|(A^*)^*|=|A|^{(n-1)^2}$.

⑩ $(AB)^*=B^*A^*$.

（3）秩（见第4讲）．

例 3.8　设 A，B 是 n（$n\geqslant2$）阶方阵，$|A|=2$，$|B|=-3$，$|A+B|=5$，则 $||A|B^*+|B|A^*|=$ ________.

【解】应填 $5(-6)^{n-1}$.

$$\begin{aligned}||A|B^*+|B|A^*|&=||A||B|B^{-1}+|A||B|A^{-1}|=|A|^n|B|^n|A^{-1}+B^{-1}|\\&=|A|^n|B|^n|A^{-1}(E+AB^{-1})|=|A|^n|B|^n|A^{-1}(B+A)B^{-1}|\\&=|A|^n|B|^n|A^{-1}||A+B||B^{-1}|=|A|^{n-1}|B|^{n-1}|A+B|\\&=2^{n-1}\cdot(-3)^{n-1}\cdot 5=5(-6)^{n-1}.\end{aligned}$$

例 3.9　已知 3 阶行列式 $|A|$ 的元素 a_{ij} 均为实数，且 a_{ij} 不全为 0. 若

$$a_{ij}=-A_{ij}\ (i,\ j=1,\ 2,\ 3),$$

其中 A_{ij} 是 a_{ij} 的代数余子式，则 $|A|=$________.

【解】应填 -1.

由 $A^{\mathrm{T}}=\begin{bmatrix}a_{11}&a_{21}&a_{31}\\a_{12}&a_{22}&a_{32}\\a_{13}&a_{23}&a_{33}\end{bmatrix}$，$A^*=\begin{bmatrix}A_{11}&A_{21}&A_{31}\\A_{12}&A_{22}&A_{32}\\A_{13}&A_{23}&A_{33}\end{bmatrix}$，$a_{ij}=-A_{ij}$，得 $A^*=-A^{\mathrm{T}}$. 于是 $|A^*|=|-A^{\mathrm{T}}|$，即 $|A|^{3-1}=(-1)^3|A|$，也即 $|A|^2=-|A|$，故

$$|A|(|A|+1)=0. \tag{*}$$

由 a_{ij} 不全为 0 知，存在 $a_{kj}\neq 0$，将行列式 $|A|$ 按第 k 行展开，得

$$|A|=a_{k1}A_{k1}+a_{k2}A_{k2}+a_{k3}A_{k3}=-a_{k1}^2-a_{k2}^2-a_{k3}^2<0,$$

故由（*）式知，$|A|=-1$.

2. A^{-1}

（1）定义.

对于方阵 A，B，若 $AB=E$，则 A，B 互为逆矩阵，且 $A^{-1}=B$，$B^{-1}=A$，$AB=BA$.

（2）性质.

①$(A^{-1})^{-1}=A$.

②$(AB)^{-1}=B^{-1}A^{-1}$（穿脱原则）.

③$k\neq 0$，$(kA)^{-1}=\dfrac{1}{k}A^{-1}$.

④$(A^{\mathrm{T}})^{-1}=(A^{-1})^{\mathrm{T}}$.

⑤$|A^{-1}|=\dfrac{1}{|A|}$.

（3）求 A^{-1}.

①具体型.

（i）$A^{-1}=\dfrac{1}{|A|}A^*$.

（ii）$[A\ \vdots\ E]\xrightarrow{\text{初等行变换}}[E\ \vdots\ A^{-1}]$.

②抽象型.

（i）由题设式子恒等变形，创造$\boldsymbol{AB}=\boldsymbol{E}$，则$\boldsymbol{A}^{-1}=\boldsymbol{B}$.

（ii）由题设式子恒等变形，创造$\boldsymbol{A}=\boldsymbol{BC}$，若$\boldsymbol{B}$，$\boldsymbol{C}$均可逆，则$\boldsymbol{A}^{-1}=\boldsymbol{C}^{-1}\boldsymbol{B}^{-1}$.

例 3.10　设n阶方阵$\boldsymbol{A}$满足$\boldsymbol{A}^3-2\boldsymbol{A}^2+3\boldsymbol{A}-4\boldsymbol{E}=\boldsymbol{O}$，则$(\boldsymbol{A}-\boldsymbol{E})^{-1}=$________.

【解】应填$\frac{1}{2}(\boldsymbol{A}^2-\boldsymbol{A}+2\boldsymbol{E})$.

由长除法，得

$$\begin{array}{r|l} & \boldsymbol{A}^2-\boldsymbol{A}+2\boldsymbol{E} \\ \boldsymbol{A}-\boldsymbol{E} & \boldsymbol{A}^3-2\boldsymbol{A}^2+3\boldsymbol{A}-4\boldsymbol{E} \\ & \underline{\boldsymbol{A}^3-\boldsymbol{A}^2} \\ & -\boldsymbol{A}^2+3\boldsymbol{A}-4\boldsymbol{E} \\ & \underline{-\boldsymbol{A}^2+\boldsymbol{A}} \\ & 2\boldsymbol{A}-4\boldsymbol{E} \\ & \underline{2\boldsymbol{A}-2\boldsymbol{E}} \\ & -2\boldsymbol{E} \end{array}$$

即
$$(\boldsymbol{A}-\boldsymbol{E})(\boldsymbol{A}^2-\boldsymbol{A}+2\boldsymbol{E})-2\boldsymbol{E}=\boldsymbol{O},$$

所以$(\boldsymbol{A}-\boldsymbol{E})\left[\frac{1}{2}(\boldsymbol{A}^2-\boldsymbol{A}+2\boldsymbol{E})\right]=\boldsymbol{E}$，故

$$(\boldsymbol{A}-\boldsymbol{E})^{-1}=\frac{1}{2}(\boldsymbol{A}^2-\boldsymbol{A}+2\boldsymbol{E}).$$

例 3.11　设$\boldsymbol{A}=\boldsymbol{E}+\boldsymbol{\alpha}\boldsymbol{\beta}^{\mathrm{T}}$，其中$\boldsymbol{\alpha}=[a_1,a_2,a_3]^{\mathrm{T}}$，$\boldsymbol{\beta}=[b_1,b_2,b_3]^{\mathrm{T}}$，且$\boldsymbol{\alpha}^{\mathrm{T}}\boldsymbol{\beta}=3$，则$\boldsymbol{A}^{-1}=$________.

【解】应填$\begin{bmatrix} 1-\frac{1}{4}a_1b_1 & -\frac{1}{4}a_1b_2 & -\frac{1}{4}a_1b_3 \\ -\frac{1}{4}a_2b_1 & 1-\frac{1}{4}a_2b_2 & -\frac{1}{4}a_2b_3 \\ -\frac{1}{4}a_3b_1 & -\frac{1}{4}a_3b_2 & 1-\frac{1}{4}a_3b_3 \end{bmatrix}$.

由例3.1亦可直接得到$\boldsymbol{B}^2=3\boldsymbol{B}$.

令$\boldsymbol{B}=\boldsymbol{\alpha}\boldsymbol{\beta}^{\mathrm{T}}$，则$\boldsymbol{B}^2=(\boldsymbol{\alpha}\boldsymbol{\beta}^{\mathrm{T}})(\boldsymbol{\alpha}\boldsymbol{\beta}^{\mathrm{T}})=\boldsymbol{\alpha}(\boldsymbol{\beta}^{\mathrm{T}}\boldsymbol{\alpha})\boldsymbol{\beta}^{\mathrm{T}}=3\boldsymbol{B}$，这里$\boldsymbol{\beta}^{\mathrm{T}}\boldsymbol{\alpha}=\boldsymbol{\alpha}^{\mathrm{T}}\boldsymbol{\beta}=3$，所以$(\boldsymbol{A}-\boldsymbol{E})^2=3(\boldsymbol{A}-\boldsymbol{E})$，即$\boldsymbol{A}^2-5\boldsymbol{A}+4\boldsymbol{E}=\boldsymbol{O}$，故$\boldsymbol{A}\frac{5\boldsymbol{E}-\boldsymbol{A}}{4}=\boldsymbol{E}$，得

$$\boldsymbol{A}^{-1}=\frac{1}{4}(5\boldsymbol{E}-\boldsymbol{A})=\boldsymbol{E}-\frac{1}{4}\boldsymbol{\alpha}\boldsymbol{\beta}^{\mathrm{T}}=\begin{bmatrix} 1-\frac{1}{4}a_1b_1 & -\frac{1}{4}a_1b_2 & -\frac{1}{4}a_1b_3 \\ -\frac{1}{4}a_2b_1 & 1-\frac{1}{4}a_2b_2 & -\frac{1}{4}a_2b_3 \\ -\frac{1}{4}a_3b_1 & -\frac{1}{4}a_3b_2 & 1-\frac{1}{4}a_3b_3 \end{bmatrix}.$$

例 3.12 设 $\boldsymbol{A}$ 为 n 阶非零矩阵，$\boldsymbol{E}$ 为 n 阶单位矩阵，若 $\boldsymbol{A}^3=\boldsymbol{O}$，则（　　）.

（A）$\boldsymbol{E}-\boldsymbol{A}$ 不可逆，$\boldsymbol{E}+\boldsymbol{A}$ 不可逆　　（B）$\boldsymbol{E}-\boldsymbol{A}$ 不可逆，$\boldsymbol{E}+\boldsymbol{A}$ 可逆

（C）$\boldsymbol{E}-\boldsymbol{A}$ 可逆，$\boldsymbol{E}+\boldsymbol{A}$ 可逆　　（D）$\boldsymbol{E}-\boldsymbol{A}$ 可逆，$\boldsymbol{E}+\boldsymbol{A}$ 不可逆

【解】应选（C）.

法一　因为 $\boldsymbol{A}^3=\boldsymbol{O}$，故 $\boldsymbol{E}=\boldsymbol{E}\pm\boldsymbol{A}^3=(\boldsymbol{E}\pm\boldsymbol{A})(\boldsymbol{E}\mp\boldsymbol{A}+\boldsymbol{A}^2)$，即分别存在矩阵 $\boldsymbol{E}-\boldsymbol{A}+\boldsymbol{A}^2$ 和 $\boldsymbol{E}+\boldsymbol{A}+\boldsymbol{A}^2$，使得

$$(\boldsymbol{E}+\boldsymbol{A})(\boldsymbol{E}-\boldsymbol{A}+\boldsymbol{A}^2)=\boldsymbol{E},\ (\boldsymbol{E}-\boldsymbol{A})(\boldsymbol{E}+\boldsymbol{A}+\boldsymbol{A}^2)=\boldsymbol{E},$$

可知 $\boldsymbol{E}-\boldsymbol{A}$ 与 $\boldsymbol{E}+\boldsymbol{A}$ 都是可逆的，所以应选（C）.

法二　设 λ 是 $\boldsymbol{A}$ 的实特征值，由 $\boldsymbol{A}^3=\boldsymbol{O}$，得 $\lambda^3=0$，故 $\lambda=0$，所以 $\boldsymbol{A}$ 的实特征值只有 0，于是 $\boldsymbol{E}-\boldsymbol{A}$ 的实特征值只有 1，$\boldsymbol{E}+\boldsymbol{A}$ 的实特征值只有 1，故二者均可逆，应选（C）.

【注】法一是利用定义法，法二是说明 0 不是特征值.

3. 初等矩阵

（1）定义（$\boldsymbol{E}_i(k)$，$\boldsymbol{E}_{ij}$，$\boldsymbol{E}_{ij}(k)$）.

①初等变换.

（i）一个非零常数乘矩阵的某一行（列）.

（ii）互换矩阵中某两行（列）的位置.

（iii）将矩阵的某一行（列）的 k 倍加到另一行（列）.

以上三种变换称为**矩阵的初等行（列）变换**，且分别称为倍乘、互换、倍加初等行（列）变换.

②初等矩阵.

由单位矩阵经过一次初等变换得到的矩阵称为**初等矩阵**.

定义：$\boldsymbol{E}_i(k)$（$k\neq 0$）表示单位矩阵 $\boldsymbol{E}$ 的第 i 行（或第 i 列）乘非零常数 k 所得的初等矩阵，称为**倍乘初等矩阵**.

定义：$\boldsymbol{E}_{ij}$ 表示单位矩阵 $\boldsymbol{E}$ 交换第 i 行与第 j 行（或交换第 i 列与第 j 列）所得的初等矩阵，称为**互换初等矩阵**.

定义：$\boldsymbol{E}_{ij}(k)$ 表示单位矩阵 $\boldsymbol{E}$ 的第 j 行的 k 倍加到第 i 行（或第 i 列的 k 倍加到第 j 列）所得的初等矩阵，称为**倍加初等矩阵**.

【注】也有教材将 $\boldsymbol{E}_{ij}(k)$ 表示为 $\boldsymbol{E}$ 的第 i 行的 k 倍加到第 j 行，故考研中所有初等变换的描述均用文字描述代替，以避免出现不同教材中不同的提法所带来的不同定义，考生掌握本质即可，不必纠结于此. 考试中为统一不引起歧义，通常以“$\boldsymbol{P}$，$\boldsymbol{Q}$”来表示.

③矩阵等价.

设 $\boldsymbol{A}$，$\boldsymbol{B}$ 均是 $m\times n$ 矩阵，若存在可逆矩阵 $\boldsymbol{P}_{m\times m}$，$\boldsymbol{Q}_{n\times n}$，使得 $\boldsymbol{PAQ}=\boldsymbol{B}$，则称 $\boldsymbol{A}$，$\boldsymbol{B}$ 是**等价矩阵**，记作 $\boldsymbol{A}\cong\boldsymbol{B}$.

设 $\boldsymbol{A}$ 是一个 $m\times n$ 矩阵，则 $\boldsymbol{A}$ 等价于形如 $\begin{bmatrix}\boldsymbol{E}_r & \boldsymbol{O}\\ \boldsymbol{O} & \boldsymbol{O}\end{bmatrix}$ 的矩阵（$\boldsymbol{E}_r$ 中的 r 等于 $r(\boldsymbol{A})$），后者称为 $\boldsymbol{A}$ 的等价标准形. 等价标准形是唯一的，即若 $r(\boldsymbol{A})=r$，则存在可逆矩阵 $\boldsymbol{P}$，$\boldsymbol{Q}$，使得

$$\boldsymbol{PAQ}=\begin{bmatrix}\boldsymbol{E}_r & \boldsymbol{O}\\ \boldsymbol{O} & \boldsymbol{O}\end{bmatrix}.$$

【注】若 $\boldsymbol{A}$，$\boldsymbol{B}$ 为同型矩阵，则 $\boldsymbol{A}$ 与 $\boldsymbol{B}$ 等价 $\Leftrightarrow r(\boldsymbol{A})=r(\boldsymbol{B})$.

（2）性质.

① $|\boldsymbol{E}_{ij}|=-1$，$|\boldsymbol{E}_{ij}(k)|=1$，$|\boldsymbol{E}_i(k)|=k$.

② $\boldsymbol{E}_{ij}^{\mathrm{T}}=\boldsymbol{E}_{ij}$，$\boldsymbol{E}_{ij}^{\mathrm{T}}(k)=\boldsymbol{E}_{ji}(k)$，$\boldsymbol{E}_i^{\mathrm{T}}(k)=\boldsymbol{E}_i(k)$.

③ $\boldsymbol{E}_{ij}^{-1}=\boldsymbol{E}_{ij}$，$\boldsymbol{E}_{ij}^{-1}(k)=\boldsymbol{E}_{ij}(-k)$，$\boldsymbol{E}_i^{-1}(k)=\boldsymbol{E}_i\left(\dfrac{1}{k}\right)$.

④ $\boldsymbol{E}_{ij}^{*}=|\boldsymbol{E}_{ij}|\,\boldsymbol{E}_{ij}^{-1}=-\boldsymbol{E}_{ij}$，

$\boldsymbol{E}_{ij}^{*}(k)=|\boldsymbol{E}_{ij}(k)|\,\boldsymbol{E}_{ij}^{-1}(k)=\boldsymbol{E}_{ij}(-k)$，

$\boldsymbol{E}_i^{*}(k)=|\boldsymbol{E}_i(k)|\,\boldsymbol{E}_i^{-1}(k)=k\boldsymbol{E}_i\left(\dfrac{1}{k}\right)$.

（3）左行右列定理.

在矩阵 $\boldsymbol{A}$ 的左边乘初等矩阵 $\boldsymbol{P}$，得 $\boldsymbol{PA}$，相当于对 $\boldsymbol{A}$ 作了一次与 $\boldsymbol{P}$ 完全相同的初等行变换；在矩阵 $\boldsymbol{A}$ 的右边乘初等矩阵 $\boldsymbol{P}$，得 $\boldsymbol{AP}$，相当于对 $\boldsymbol{A}$ 作了一次与 $\boldsymbol{P}$ 完全相同的初等列变换.

（4）应用.

①求 $\boldsymbol{A}^{-1}$.

$$[\boldsymbol{A}\ \vdots\ \boldsymbol{E}]\xrightarrow{\text{初等行变换}}[\boldsymbol{E}\ \vdots\ \boldsymbol{A}^{-1}]，\begin{bmatrix}\boldsymbol{A}\\ \cdots\\ \boldsymbol{E}\end{bmatrix}\xrightarrow{\text{初等列变换}}\begin{bmatrix}\boldsymbol{E}\\ \cdots\\ \boldsymbol{A}^{-1}\end{bmatrix}.$$

②研究 $\boldsymbol{P}_1^m\boldsymbol{A}\boldsymbol{P}_2^n=\boldsymbol{B}$.

例 3.13 设 $\boldsymbol{A}$ 是 3 阶可逆矩阵，交换 $\boldsymbol{A}$ 的第 1 列和第 2 列得到 $\boldsymbol{B}$，$\boldsymbol{A}^*$，$\boldsymbol{B}^*$ 分别是 $\boldsymbol{A}$，$\boldsymbol{B}$ 的伴随矩阵，则 $\boldsymbol{B}^*$ 可由（ ）.

（A）$\boldsymbol{A}^*$ 的第 1 列与第 2 列互换得到
（B）$\boldsymbol{A}^*$ 的第 1 行与第 2 行互换得到
（C）$-\boldsymbol{A}^*$ 的第 1 列与第 2 列互换得到
（D）$-\boldsymbol{A}^*$ 的第 1 行与第 2 行互换得到

【解】应选（D）.

交换 $\boldsymbol{A}$ 的第 1 列和第 2 列得到 $\boldsymbol{B}$，即

$$\boldsymbol{B}=\boldsymbol{AE}_{12},$$

由第3讲的“二3（2）④”可知.

则
$$\boldsymbol{B}^*=(\boldsymbol{AE}_{12})^*=\boldsymbol{E}_{12}^*\boldsymbol{A}^*=-\boldsymbol{E}_{12}\boldsymbol{A}^*=\boldsymbol{E}_{12}(-\boldsymbol{A}^*),$$

故 $\boldsymbol{B}^*$ 可由 $-\boldsymbol{A}^*$ 的第 1 行与第 2 行互换得到，应选（D）.

例 3.14 设 $\boldsymbol{A}=\begin{bmatrix} a_{11} & a_{12} & a_{13} \\ a_{21} & a_{22} & a_{23} \\ a_{31} & a_{32} & a_{33} \end{bmatrix}$，$\boldsymbol{B}=\begin{bmatrix} a_{12} & a_{11} & a_{13}-2a_{11} \\ a_{22} & a_{21} & a_{23}-2a_{21} \\ a_{32} & a_{31} & a_{33}-2a_{31} \end{bmatrix}$，且 $|\boldsymbol{A}|=3$，则 $\boldsymbol{A}^*\boldsymbol{B}=$________.

【解】应填 $\begin{bmatrix} 0 & 3 & -6 \\ 3 & 0 & 0 \\ 0 & 0 & 3 \end{bmatrix}$.

$\boldsymbol{B}$ 是由 $\boldsymbol{A}$ 的第 1 列的 -2 倍加到第 3 列，然后再互换第 1 列和第 2 列得到的，记

$$\boldsymbol{P}_1=\begin{bmatrix} 1 & 0 & -2 \\ 0 & 1 & 0 \\ 0 & 0 & 1 \end{bmatrix},\ \boldsymbol{P}_2=\begin{bmatrix} 0 & 1 & 0 \\ 1 & 0 & 0 \\ 0 & 0 & 1 \end{bmatrix},$$

则 $\boldsymbol{B}=\boldsymbol{A}\boldsymbol{P}_1\boldsymbol{P}_2$，于是 $\boldsymbol{A}^*\boldsymbol{B}=\boldsymbol{A}^*\boldsymbol{A}\boldsymbol{P}_1\boldsymbol{P}_2=|\boldsymbol{A}|\boldsymbol{P}_1\boldsymbol{P}_2=3\boldsymbol{P}_1\boldsymbol{P}_2=\begin{bmatrix} 0 & 3 & -6 \\ 3 & 0 & 0 \\ 0 & 0 & 3 \end{bmatrix}$.

三 分块矩阵

1. 定义

用几条横线和纵线把一个矩阵分成若干小块，每一小块称为原矩阵的子块．把子块看作原矩阵的一个元素，就得到了分块矩阵.

如矩阵 $\boldsymbol{A}$ 按行分块：

$$\boldsymbol{A}=\begin{bmatrix} a_{11} & a_{12} & \cdots & a_{1n} \\ \hline a_{21} & a_{22} & \cdots & a_{2n} \\ \hline \vdots & \vdots & & \vdots \\ \hline a_{m1} & a_{m2} & \cdots & a_{mn} \end{bmatrix}=\begin{bmatrix} \boldsymbol{A}_1 \\ \boldsymbol{A}_2 \\ \vdots \\ \boldsymbol{A}_m \end{bmatrix},$$

其中 $\boldsymbol{A}_i=[a_{i1},a_{i2},\cdots,a_{in}]$（$i=1,2,\cdots,m$）是 $\boldsymbol{A}$ 的子块.

矩阵 $\boldsymbol{B}$ 按列分块：

$$\boldsymbol{B}=\left[\begin{array}{c|c|c|c} b_{11} & b_{12} & \cdots & b_{1n} \\ b_{21} & b_{22} & \cdots & b_{2n} \\ \vdots & \vdots & & \vdots \\ b_{m1} & b_{m2} & \cdots & b_{mn} \end{array}\right]=[\boldsymbol{B}_1,\boldsymbol{B}_2,\cdots,\boldsymbol{B}_n],$$

其中 $\boldsymbol{B}_j=[b_{1j},b_{2j},\cdots,b_{mj}]^{\mathrm{T}}$（$j=1,2,\cdots,n$）是 $\boldsymbol{B}$ 的子块.

2. 运算

①转置：$\begin{bmatrix} A & B \\ C & D \end{bmatrix}^{\mathrm{T}}=\begin{bmatrix} A^{\mathrm{T}} & C^{\mathrm{T}} \\ B^{\mathrm{T}} & D^{\mathrm{T}} \end{bmatrix}$.

【注】如 $[A \quad B]^{\mathrm{T}}=\begin{bmatrix} A^{\mathrm{T}} \\ B^{\mathrm{T}} \end{bmatrix}$.

②加法：同型，且分法一致，则$\begin{bmatrix} A_1 & A_2 \\ A_3 & A_4 \end{bmatrix}+\begin{bmatrix} B_1 & B_2 \\ B_3 & B_4 \end{bmatrix}=\begin{bmatrix} A_1+B_1 & A_2+B_2 \\ A_3+B_3 & A_4+B_4 \end{bmatrix}$.

③数乘：$k\begin{bmatrix} A & B \\ C & D \end{bmatrix}=\begin{bmatrix} kA & kB \\ kC & kD \end{bmatrix}$.

④乘法：$\begin{bmatrix} A & B \\ C & D \end{bmatrix}\begin{bmatrix} X & Y \\ Z & W \end{bmatrix}=\begin{bmatrix} AX+BZ & AY+BW \\ CX+DZ & CY+DW \end{bmatrix}$，其中矩阵相乘、相加要满足相应的运算规律.

【注】对于④的运算要注意，分块矩阵相乘后，左边的仍在左边，右边的仍在右边.

⑤若 A，B 分别为 m，n 阶方阵，则分块对角矩阵的幂为

$$\begin{bmatrix} A & O \\ O & B \end{bmatrix}^{k}=\begin{bmatrix} A^{k} & O \\ O & B^{k} \end{bmatrix}.$$

⑥已知 $A=\begin{bmatrix} B & O \\ D & C \end{bmatrix}$，其中 B 是 r 阶可逆矩阵，C 是 s 阶可逆矩阵，则 A 可逆，且

$$A^{-1}=\begin{bmatrix} B^{-1} & O \\ -C^{-1}DB^{-1} & C^{-1} \end{bmatrix}.$$

【注】若

$$A_1=\begin{bmatrix} B & D \\ O & C \end{bmatrix},\ A_2=\begin{bmatrix} O & B \\ C & D \end{bmatrix},\ A_3=\begin{bmatrix} D & B \\ C & O \end{bmatrix},$$

其中 B，C 可逆，则有

$$A_1^{-1}=\begin{bmatrix} B^{-1} & -B^{-1}DC^{-1} \\ O & C^{-1} \end{bmatrix},\ A_2^{-1}=\begin{bmatrix} -C^{-1}DB^{-1} & C^{-1} \\ B^{-1} & O \end{bmatrix},\ A_3^{-1}=\begin{bmatrix} O & C^{-1} \\ B^{-1} & -B^{-1}DC^{-1} \end{bmatrix}.$$

⑦主对角线分块矩阵 $A=\begin{bmatrix} A_1 & & & \\ & A_2 & & \\ & & \ddots & \\ & & & A_s \end{bmatrix}$，若 A_i（$i=1$，2，…，s）均可逆，则 A 可逆，且

$$A^{-1}=\begin{bmatrix} A_1^{-1} & & & \\ & A_2^{-1} & & \\ & & \ddots & \\ & & & A_s^{-1} \end{bmatrix}.$$

副对角线分块矩阵

$$A=\begin{bmatrix} & & & A_1 \\ & & A_2 & \\ & \iddots & & \\ A_s & & & \end{bmatrix},$$

若 A_i（$i=1, 2, \cdots, s$）均可逆，则 A 可逆，且

$$A^{-1}=\begin{bmatrix} & & & A_s^{-1} \\ & & \iddots & \\ & A_2^{-1} & & \\ A_1^{-1} & & & \end{bmatrix}.$$

⑧舒尔公式.

当 A 可逆时，

（i）$\begin{bmatrix} E_r & O \\ -CA^{-1} & E_{n-r} \end{bmatrix}\begin{bmatrix} A & B \\ C & D \end{bmatrix}=\begin{bmatrix} A & B \\ O & D-CA^{-1}B \end{bmatrix}$.

将分块矩阵的第一行的 $-CA^{-1}$ 倍加至第二行，使 C 处为 O.

（ii）$\begin{bmatrix} A & B \\ C & D \end{bmatrix}\begin{bmatrix} E_r & -A^{-1}B \\ O & E_{n-r} \end{bmatrix}=\begin{bmatrix} A & O \\ C & D-CA^{-1}B \end{bmatrix}$.

将分块矩阵的第一列的 $-A^{-1}B$ 倍加至第二列，使 B 处为 O.

（iii）$\begin{bmatrix} E_r & O \\ -CA^{-1} & E_{n-r} \end{bmatrix}\begin{bmatrix} A & B \\ C & D \end{bmatrix}\begin{bmatrix} E_r & -A^{-1}B \\ O & E_{n-r} \end{bmatrix}=\begin{bmatrix} A & O \\ O & D-CA^{-1}B \end{bmatrix}$.

综合使用上述(i),(ii)的手段.

【注】舒尔公式可以把一般分块矩阵 $\begin{bmatrix} A & B \\ C & D \end{bmatrix}$ 化成上三角形分块矩阵、下三角形分块矩阵或对角线分块矩阵.

例 3.15 设 A 为 n 阶可逆矩阵，α 为 n 维列向量. 记分块矩阵 $Q=\begin{bmatrix} A & \alpha \\ \alpha^{\mathrm{T}} & 1 \end{bmatrix}$，则 Q 可逆的充分必要条件是（　　）.

（A）$\alpha^{\mathrm{T}}A\alpha \neq 1$　（B）$\alpha^{\mathrm{T}}A\alpha \neq -1$　（C）$\alpha^{\mathrm{T}}A^{-1}\alpha \neq 1$　（D）$\alpha^{\mathrm{T}}A^{-1}\alpha \neq -1$

【解】应选（C）.

令 $P=\begin{bmatrix} E & 0 \\ -\alpha^{\mathrm{T}}A^{-1} & 1 \end{bmatrix}$，则 舒尔公式(i).

将分块矩阵的第一行的 $-\alpha^{\mathrm{T}}A^{-1}$ 倍加至第二行

$$PQ=\begin{bmatrix} E & 0 \\ -\alpha^{\mathrm{T}}A^{-1} & 1 \end{bmatrix}\begin{bmatrix} A & \alpha \\ \alpha^{\mathrm{T}} & 1 \end{bmatrix}=\begin{bmatrix} A & \alpha \\ 0 & 1-\alpha^{\mathrm{T}}A^{-1}\alpha \end{bmatrix}.$$

此矩阵的形状为 $\begin{bmatrix} A & \alpha \\ 0 & \square \end{bmatrix}_{n+1}$

于是 $|PQ|=|A|(1-\alpha^{T}A^{-1}\alpha)$，而 $|PQ|=|P||Q|$，且 $|P|=1\neq0$，故

$$|Q|=|A|(1-\alpha^{T}A^{-1}\alpha).$$

由此可知，$|Q|\neq0$ 的充分必要条件为 $\alpha^{T}A^{-1}\alpha\neq1$，即矩阵 Q 可逆的充分必要条件是 $\alpha^{T}A^{-1}\alpha\neq1$. 选（C）.

【注】$|Q|$ 如何求出，是本题的难点.

例 3.16 设 A，B，C 均为 3 阶矩阵，A^*，B^* 分别为 A，B 的伴随矩阵. 若 $|A|=2$，$|B|=3$，则分块矩阵$\begin{bmatrix}C & A\\ B & O\end{bmatrix}$的伴随矩阵为（　　）.

（A）$\begin{bmatrix}A^*CB^* & 2A^*\\ 3B^* & O\end{bmatrix}$　（B）$\begin{bmatrix}-A^*CB^* & 2B^*\\ 3A^* & O\end{bmatrix}$　（C）$\begin{bmatrix}O & -2A^*\\ -3B^* & A^*CB^*\end{bmatrix}$　（D）$\begin{bmatrix}O & -2B^*\\ -3A^* & A^*CB^*\end{bmatrix}$

【解】应选（D）.

因为$\begin{vmatrix}C & A\\ B & O\end{vmatrix}=(-1)^{3\times3}|A||B|=-6\neq0$，所以

$$\begin{bmatrix}C & A\\ B & O\end{bmatrix}^*=\begin{vmatrix}C & A\\ B & O\end{vmatrix}\begin{bmatrix}C & A\\ B & O\end{bmatrix}^{-1}$$

$$=-|A||B|\begin{bmatrix}O & B^{-1}\\ A^{-1} & -A^{-1}CB^{-1}\end{bmatrix}$$

由第3讲的“三2⑥注”可知.

$$=\begin{bmatrix}O & -|A||B|B^{-1}\\ -|A||B|A^{-1} & |A||B|A^{-1}CB^{-1}\end{bmatrix}$$

（$|B|B^{-1}=B^*$，$|A|A^{-1}=A^*$）

$$=\begin{bmatrix}O & -2B^*\\ -3A^* & A^*CB^*\end{bmatrix}.$$

四 矩阵方程

1. 定义

含有未知矩阵的方程称为矩阵方程.

2. 化简

解矩阵方程，应先根据题设条件和矩阵的运算规则，将方程进行恒等变形，使方程化成 $AX=B$，$XA=B$ 或 $AXB=C$ 的形式，其化简手段如下.

（1）消公因式，即若 $CA=CB$，且 C 可逆，则 $A=B$.

（2）提取公因式，即 $CA+CB=C(A+B)$.

（3）移项，即将已知表达式与未知表达式分别移至方程的两边．

（4）利用公式．

① $AA^*=|A|E$，A 可逆时，$A^*=|A|A^{-1}$，$(A^*)^*=|A|^{n-2}A\ (n\geqslant 2)$．

② $A^2-E=(A+E)(A-E)=(A-E)(A+E)$，$A^3-E=(A-E)(A^2+A+E)$．

③ $A^TB^T=(BA)^T$，A，B 可逆时，$A^{-1}B^{-1}=(BA)^{-1}$，$A^*B^*=(BA)^*$.

④ A 可逆时，$(A^{-1})^*=(A^*)^{-1}$，$(A^{-1})^T=(A^T)^{-1}$，$(A^*)^T=(A^T)^*$.

3. 求解

（1）若 A 可逆或 B 可逆，或 A，B 均可逆，则分别可得解为 $X=A^{-1}B$，$X=BA^{-1}$，$X=A^{-1}CB^{-1}$.

（2）若 A 不可逆，如 $AX=B$，则将 X 和 B 按列分块，得

$$A[\xi_1, \xi_2, \cdots, \xi_n]=[\beta_1, \beta_2, \cdots, \beta_n]，即 A\xi_i=\beta_i，i=1, 2, \cdots, n.$$

求解上述线性方程组，得解 ξ_i，从而得 $X=[\xi_1, \xi_2, \cdots, \xi_n]$．

（3）若无法化成上述几种形式，则应该设未知矩阵为 $X=(x_{ij})$，直接代入方程得到含未知量为 x_{ij} 的线性方程组，求得 X 的元素 x_{ij}，从而求得未知矩阵（即用待定元素法求 X）．

例 3.17 设

$$A=\begin{bmatrix}1 & 1 & -1\\ -1 & 1 & 1\\ 1 & -1 & 1\end{bmatrix},$$

且满足 $A^*B\left(\frac{1}{2}A^*\right)^*=8A^{-1}B+16E$，求矩阵 B.

【解】

$$|A|=\begin{vmatrix}1 & 1 & -1\\ -1 & 1 & 1\\ 1 & -1 & 1\end{vmatrix}=4,$$

$(A^*)^*=|A|^{n-2}A$

$$\left(\frac{1}{2}A^*\right)^*=\left(\frac{1}{2}\right)^{3-1}(A^*)^*=\frac{1}{4}|A|^{3-2}A=\frac{1}{4}\cdot 4A=A,$$

故 $A^*B\left(\frac{1}{2}A^*\right)^*=4A^{-1}BA$，因此有

$$4A^{-1}BA=8A^{-1}B+16E,$$

即

$$A^{-1}B(A-2E)=4E=4A^{-1}A,$$

也即

$$B(A-2E)=4A.$$

由 $|A-2E|=-4$，知 $A-2E$ 可逆，且 $(A-2E)^{-1}=-\frac{1}{2}\begin{bmatrix}1 & 1 & 0\\ 0 & 1 & 1\\ 1 & 0 & 1\end{bmatrix}$，于是

$$B=4A(A-2E)^{-1}=-2\begin{bmatrix}0&2&0\\0&0&2\\2&0&0\end{bmatrix}=\begin{bmatrix}0&-4&0\\0&0&-4\\-4&0&0\end{bmatrix}.$$

例 3.18 已知 a 是常数，且矩阵 $A=\begin{bmatrix}1&2&a\\1&3&0\\2&7&-a\end{bmatrix}$ 可经初等列变换化为矩阵 $B=\begin{bmatrix}1&a&2\\0&1&1\\-1&1&1\end{bmatrix}$.

声东击西

（1）求 a;

（2）求满足 $AP=B$ 的可逆矩阵 P.

【解】（1）对矩阵 A，B 分别施以初等行变换，得

$$A=\begin{bmatrix}1&2&a\\1&3&0\\2&7&-a\end{bmatrix}\to\begin{bmatrix}1&2&a\\0&1&-a\\0&3&-3a\end{bmatrix}\to\begin{bmatrix}1&0&3a\\0&1&-a\\0&0&0\end{bmatrix},$$

（−1）倍加至　（−2）倍加至　（−2）倍加至　（−3）倍加至

$$B=\begin{bmatrix}1&a&2\\0&1&1\\-1&1&1\end{bmatrix}\to\begin{bmatrix}1&a&2\\0&1&1\\0&a+1&3\end{bmatrix}\to\begin{bmatrix}1&0&2-a\\0&1&1\\0&0&2-a\end{bmatrix}\to\begin{bmatrix}1&0&0\\0&1&1\\0&0&2-a\end{bmatrix}.$$

1倍加至　（−a）倍加至　（−a−1）倍加至　（−1）倍加至

由题设知 $r(A)=r(B)$，故 $a=2$.

（2）由（1）知 $a=2$. 对矩阵 $[A \mid B]$ 施以初等行变换，得

故 $r(A)=r([A \mid B])$，于是 $AX=B$ 有解.

$$[A \mid B]=\left[\begin{array}{ccc|ccc}1&2&2&1&2&2\\1&3&0&0&1&1\\2&7&-2&-1&1&1\end{array}\right]\to\left[\begin{array}{ccc|ccc}1&2&2&1&2&2\\0&1&-2&-1&-1&-1\\0&3&-6&-3&-3&-3\end{array}\right]\to\left[\begin{array}{ccc|ccc}1&0&6&3&4&4\\0&1&-2&-1&-1&-1\\0&0&0&0&0&0\end{array}\right],$$

（−1）倍加至　（−2）倍加至　（−2）倍加至　（−3）倍加至

记 $B=[\beta_1,\beta_2,\beta_3]$，由于

$$A\begin{bmatrix}-6\\2\\1\end{bmatrix}=\mathbf{0},\ A\begin{bmatrix}3\\-1\\0\end{bmatrix}=\beta_1,\ A\begin{bmatrix}4\\-1\\0\end{bmatrix}=\beta_2,\ A\begin{bmatrix}4\\-1\\0\end{bmatrix}=\beta_3,$$

故 $AX=B$ 的解为

$$X=\begin{bmatrix}3-6k_1&4-6k_2&4-6k_3\\-1+2k_1&-1+2k_2&-1+2k_3\\k_1&k_2&k_3\end{bmatrix},$$

其中 k_1，k_2，k_3 为任意常数.

由于 $|X|=k_3-k_2$，因此满足 $AP=B$ 的可逆矩阵为

$$P=\begin{bmatrix}3-6k_1&4-6k_2&4-6k_3\\-1+2k_1&-1+2k_2&-1+2k_3\\k_1&k_2&k_3\end{bmatrix},$$

其中 k_1，k_2，k_3 为任意常数，且 $k_2\neq k_3$.

【注】事实上，有如下定理：

设 $\boldsymbol{A}$ 为 $m\times n$ 矩阵，$\boldsymbol{B}$ 为 $m\times s$ 矩阵，则矩阵方程 $\boldsymbol{AX}=\boldsymbol{B}$ 有解的充分必要条件为

$$r(\boldsymbol{A})=r([\boldsymbol{A}\ \vdots\ \boldsymbol{B}]).$$

将 $\boldsymbol{X}$，$\boldsymbol{B}$ 按列分块：$\boldsymbol{X}=[\boldsymbol{x}_1,\boldsymbol{x}_2,\cdots,\boldsymbol{x}_s]$，$\boldsymbol{B}=[\boldsymbol{\beta}_1,\boldsymbol{\beta}_2,\cdots,\boldsymbol{\beta}_s]$.

$$\begin{aligned}\boldsymbol{AX}=\boldsymbol{B}\text{ 有解}&\Leftrightarrow \boldsymbol{A}[\boldsymbol{x}_1,\boldsymbol{x}_2,\cdots,\boldsymbol{x}_s]=[\boldsymbol{\beta}_1,\boldsymbol{\beta}_2,\cdots,\boldsymbol{\beta}_s]\text{ 有解}\\ &\Leftrightarrow \boldsymbol{Ax}_i=\boldsymbol{\beta}_i\ (i=1,2,\cdots,s)\text{ 有解}\\ &\Leftrightarrow r(\boldsymbol{A})=r([\boldsymbol{A}\ \vdots\ \boldsymbol{\beta}_i])\ (i=1,2,\cdots,s)\\ &\overset{(*)}{\Leftrightarrow} r(\boldsymbol{A})=r([\boldsymbol{A}\ \vdots\ \boldsymbol{\beta}_1,\boldsymbol{\beta}_2,\cdots,\boldsymbol{\beta}_s])\\ &\Leftrightarrow r(\boldsymbol{A})=r([\boldsymbol{A}\ \vdots\ \boldsymbol{B}]).\end{aligned}$$

其中（*）处的理解：从左至右是显然的，从右至左的思路如下：

$$\begin{cases}r(\boldsymbol{A})=r([\boldsymbol{A}\ \vdots\ \boldsymbol{\beta}_1,\boldsymbol{\beta}_2,\cdots,\boldsymbol{\beta}_s]),\\ r(\boldsymbol{A})\leqslant r([\boldsymbol{A}\ \vdots\ \boldsymbol{\beta}_i])\leqslant r([\boldsymbol{A}\ \vdots\ \boldsymbol{\beta}_1,\boldsymbol{\beta}_2,\cdots,\boldsymbol{\beta}_s])\end{cases}\Rightarrow r(\boldsymbol{A})=r([\boldsymbol{A}\ \vdots\ \boldsymbol{\beta}_i]),\ (i=1,2,\cdots,s).$$

上述定理在考研时可直接使用.

例 3.19　若 $\boldsymbol{A}=\begin{bmatrix}1&-2\\0&1\end{bmatrix}$，$\boldsymbol{B}=\begin{bmatrix}1&1\\0&1\end{bmatrix}$，求所有可逆矩阵 $\boldsymbol{P}$，使得 $\boldsymbol{P}^{-1}\boldsymbol{AP}=\boldsymbol{B}$.

【解】设可逆矩阵 $\boldsymbol{P}=\begin{bmatrix}a&b\\c&d\end{bmatrix}$，其中 $ad-bc\neq 0$.

由 $\boldsymbol{P}^{-1}\boldsymbol{AP}=\boldsymbol{B}$，得 $\boldsymbol{AP}=\boldsymbol{PB}$，即

$$\begin{bmatrix}1&-2\\0&1\end{bmatrix}\begin{bmatrix}a&b\\c&d\end{bmatrix}=\begin{bmatrix}a&b\\c&d\end{bmatrix}\begin{bmatrix}1&1\\0&1\end{bmatrix},$$

得

$$\begin{bmatrix}a-2c&b-2d\\c&d\end{bmatrix}=\begin{bmatrix}a&a+b\\c&c+d\end{bmatrix},$$

从而

$$\begin{cases}a-2c=a,\\b-2d=a+b,\\c=c,\\d=c+d,\end{cases}$$

解得 $a+2d=0$，$c=0$，b 为任意常数 . 故

$$\boldsymbol{P}=\begin{bmatrix}-2k_1&k_2\\0&k_1\end{bmatrix},$$

其中 $k_1\neq 0$，k_2 为任意常数 .

第4讲 矩阵的秩

知识结构

定义 —— A 中最大的不为零的子式的阶数称为矩阵 A 的秩

公式

① $0 \leqslant r(A_{m\times n}) \leqslant \min\{m, n\}$

② $r(kA)=r(A)\ (k\neq 0)$

③ $r(A)=r(PA)=r(AQ)=r(PAQ)$（P，Q 为可逆矩阵）

④设 A 是 $m\times n$ 矩阵，B 是 $n\times s$ 矩阵. 若 $r(A)=n$（列满秩），则 $r(AB)=r(B)$；若 $r(B)=n$（行满秩），则 $r(AB)=r(A)$

⑤ $r(AB)\leqslant \min\{r(A), r(B)\}$

⑥ $r(A+B)\leqslant r([A, B])\leqslant r(A)+r(B)$

⑦ $r\left(\begin{bmatrix} A & O \\ O & B \end{bmatrix}\right)=r\left(\begin{bmatrix} O & A \\ B & O \end{bmatrix}\right)=r(A)+r(B)$

⑧ $r(A)+r(B)\leqslant r\left(\begin{bmatrix} A & O \\ C & B \end{bmatrix}\right)\leqslant r(A)+r(B)+r(C)$

⑨ $r(AB)\geqslant r(A)+r(B)-n$

⑩ $r(A)=r(A^{\mathrm{T}})=r(AA^{\mathrm{T}})=r(A^{\mathrm{T}}A)$

⑪ $r(A^*)=\begin{cases} n, & r(A)=n, \\ 1, & r(A)=n-1, \\ 0, & r(A)<n-1 \end{cases}$

⑫若 $A^2-(k_1+k_2)A+k_1k_2E=O$，$k_1\neq k_2$，则 $r(A-k_1E)+r(A-k_2E)=n$

⑬ $Ax=0$ 的基础解系所含向量的个数 $s=n-r(A)$

⑭方程组 $A_{m\times n}x=0$ 与 $B_{s\times n}x=0$ 同解 $\Leftrightarrow r(A)=r\begin{pmatrix} A \\ B \end{pmatrix}=r(B)$

⑮ $r(\text{Ⅰ})=r(\text{Ⅱ})=r(\text{Ⅰ}, \text{Ⅱ})\Leftrightarrow$ 向量组（Ⅰ）与向量组（Ⅱ）等价

⑯若 $A\sim\Lambda$，则 $n_i=n-r(\lambda_iE-A)$，其中 λ_i 是 n_i 重特征根

⑰若 $A\sim\Lambda$，则 $r(A)$ 等于非零特征值的个数，重根按重数算

一 定义

设 A 是 $m\times n$ 矩阵，A 中最大的不为零的子式的阶数称为矩阵 A 的秩，记为 $r(A)$. 也可以这样定

义：若存在 k 阶子式不为零，而任意 $k+1$ 阶子式全为零（如果有的话），则 $r(A)=k$，且

$$r(A_{n\times n})=n\Leftrightarrow |A|\neq 0\Leftrightarrow A\text{可逆}.$$

【注】用初等变换将 A 化为行阶梯形矩阵，阶梯数即为矩阵的秩．

二 公式

（1）设 A 是 $m\times n$ 矩阵，则 $0\leqslant r(A)\leqslant \min\{m,n\}$.

（2）设 A 是 $m\times n$ 矩阵，则 $r(kA)=r(A)\ (k\neq 0)$.

（3）设 A 是 $m\times n$ 矩阵，P，Q 分别是 m 阶、n 阶可逆矩阵，则

$$r(A)=r(PA)=r(AQ)=r(PAQ).$$

【注】①（3）表明初等变换不改变矩阵的秩．

②若 $r(AB)<r(A)$，B 为 n 阶矩阵，则 $r(B)<n$.

（4）设 A 是 $m\times n$ 矩阵，B 是 $n\times s$ 矩阵．

①若 $r(A)=n$（列满秩），则 $r(AB)=r(B)$.

②若 $r(B)=n$（行满秩），则 $r(AB)=r(A)$.

【注】**证** 由下面的公式（5）与公式（9），知

$$r(A)+r(B)-n\leqslant r(AB)\leqslant \min\{r(A),r(B)\}. \quad (*)$$

①当 $r(A)=n$ 时，由（*）式得

$$n+r(B)-n\leqslant r(AB)\leqslant r(B),$$

故有 $r(AB)=r(B)$.

②当 $r(B)=n$ 时，同样由（*）式可得

$$r(A)+n-n\leqslant r(AB)\leqslant r(A),$$

故有 $r(AB)=r(A)$.

（5）设 A 是 $m\times n$ 矩阵，B 是 $n\times s$ 矩阵，则 $r(AB)\leqslant \min\{r(A),r(B)\}$.

（6）设 A，B 为同型矩阵，则 $r(A+B)\leqslant r([A,B])\leqslant r(A)+r(B)$.

（7）设 A 是 $m\times n$ 矩阵，B 是 $s\times t$ 矩阵，则 $r\left(\begin{bmatrix}A & O\\ O & B\end{bmatrix}\right)=r\left(\begin{bmatrix}O & A\\ B & O\end{bmatrix}\right)=r(A)+r(B)$.

（8）设 A，B，C 均是 n 阶方阵，则 $r(A)+r(B)\leqslant r\left(\begin{bmatrix}A & O\\ C & B\end{bmatrix}\right)\leqslant r(A)+r(B)+r(C)$.

【注】**证** $$r(A)+r(B)=r([A,O])+r([O,B])$$

$$=r\left(\begin{bmatrix}A & O\\ O & B\end{bmatrix}\right)\leqslant r\left(\begin{bmatrix}A & O\\ C & B\end{bmatrix}\right)$$

$$\leqslant r([A, O])+r([C, B])$$

$$\leqslant r(A)+r(B)+r(C).$$

（9）设 A 是 $m\times n$ 矩阵，B 是 $n\times s$ 矩阵，则 $r(AB)\geqslant r(A)+r(B)-n$.

（10）设 A 是 $m\times n$ 实矩阵，则 $r(A)=r(A^{\mathrm{T}})=r(AA^{\mathrm{T}})=r(A^{\mathrm{T}}A)$.

（11）设 A 是 n 阶方阵，A^* 是 A 的伴随矩阵，则 $r(A^*)=\begin{cases}n, & r(A)=n,\\ 1, & r(A)=n-1,\\ 0, & r(A)<n-1.\end{cases}$

【注】对于上述结论有以下两点需考生注意.

①上述过程是可逆的，即

$$r(A)=n\Leftrightarrow r(A^*)=n,\ r(A)=n-1\Leftrightarrow r(A^*)=1,\ r(A)<n-1\Leftrightarrow r(A^*)=0.$$

考试也考过这些.

②进一步地，关于 $(A^*)^*$ 的结论，见下例.

设 A 为 $n(n>1)$ 阶方阵，证明：

（1）当 $n=2$ 时，$(A^*)^*=A$；

（2）当 $n>2$ 时，若 A 是可逆矩阵，则 $(A^*)^*=|A|^{n-2}A$；

（3）当 $n>2$ 时，若 A 是不可逆矩阵，则 $(A^*)^*=O$.

证 （1）设 $A=\begin{bmatrix}a & b\\ c & d\end{bmatrix}$，则

$$A^*=\begin{bmatrix}d & -b\\ -c & a\end{bmatrix},\ (A^*)^*=\begin{bmatrix}a & b\\ c & d\end{bmatrix}=A.$$

（2）由 $A^*=|A|A^{-1}$，得 $(A^*)^*=|A^*|(A^*)^{-1}$，又 $|A^*|=|A|^{n-1}$，故

$$(A^*)^*=|A|^{n-1}(|A|A^{-1})^{-1}=|A|^{n-1}\frac{1}{|A|}A=|A|^{n-2}A.$$

（3）此时 $r(A)<n$.

若 $r(A)<n-1$，则由上述结论知，此时 $A^*=O$，故 $(A^*)^*=O$；

若 $r(A)=n-1$，则由上述结论知，此时 $r(A^*)=1<n-1$，于是 $(A^*)^*=O$.

综上，此时 $(A^*)^*=O$.

（12）设 n 阶矩阵 A 满足 $A^2-(k_1+k_2)A+k_1k_2E=O$，$k_1\neq k_2$，则 $r(A-k_1E)+r(A-k_2E)=n$.

【注】（1）**证** 由 $A^2-(k_1+k_2)A+k_1k_2E=O$，得 $(A-k_1E)(A-k_2E)=O$，于是

$$r(A-k_1E)+r(A-k_2E)\leqslant n.$$

又 $r(A-k_1E)+r(A-k_2E)=r(k_1E-A)+r(A-k_2E)\geqslant r(k_1E-A+A-k_2E)$

$=r[(k_1-k_2)E]$

$=r(E)=n.$ （$k_1\neq k_2$，故 $k_1-k_2\neq 0$）

综上，$r(A-k_1E)+r(A-k_2E)=n$.

（2）设 A 为 n 阶方阵，则由上述结论可知

①若 $A^2=A$，则 $r(A)+r(A-E)=n$；

②若 $A^2=E$，则 $r(A+E)+r(A-E)=n$.

（13）设 A 是 $m\times n$ 矩阵，则 $Ax=0$ 的基础解系所含向量的个数 $s=n-r(A)$.

（14）方程组 $A_{m\times n}x=0$ 与 $B_{s\times n}x=0$ 同解 $\Leftrightarrow r(A)=r\begin{pmatrix}A\\B\end{pmatrix}=r(B)$.

（15）设两个向量组：（Ⅰ）$\alpha_1,\alpha_2,\cdots,\alpha_s$，（Ⅱ）$\beta_1,\beta_2,\cdots,\beta_t$，则 r（Ⅰ）$=r$（Ⅱ）$=r$（Ⅰ，Ⅱ）$\Leftrightarrow$ 向量组（Ⅰ）与向量组（Ⅱ）等价.

（16）若 $A\sim\Lambda$，则 $n_i=n-r(\lambda_iE-A)$，其中 λ_i 是 n_i 重特征根.

（17）若 $A\sim\Lambda$，则 $r(A)$ 等于非零特征值的个数，重根按重数算.

例 4.1　已知 $r(A_{3\times3})=2$，$r(AB)=1$，$B=\begin{bmatrix}1&3&a\\-1&-2&1\\2&6&-1\end{bmatrix}$，则 $a=$________.

【解】应填 $-\frac{1}{2}$.

由题意知，$r(AB)<r(A)$，若 $r(B)=3$，则 $r(AB)=r(A)=2$，与已知矛盾，故 $r(B)<3$，则

$$B=\begin{bmatrix}1&3&a\\-1&-2&1\\2&6&-1\end{bmatrix}\xrightarrow{}\begin{bmatrix}1&3&a\\0&1&a+1\\0&0&-2a-1\end{bmatrix},$$

（第1行的 (-2) 倍加至第3行，第1行的1倍加至第2行）

由于 $r(B)<3$，因此 $|B|=-2a-1=0$，故 $a=-\frac{1}{2}$.

例 4.2　设 A 是3阶矩阵，β_1,β_2,β_3 是互不相同的3维列向量，且都不是方程组 $Ax=0$ 的解，记 $B=[\beta_1,\beta_2,\beta_3]$，且满足 $r(AB)<r(A)$，$r(AB)<r(B)$，则 $r(AB)=$（　　）.

（A）0　　（B）1　　（C）2　　（D）3

【解】应选（B）.

已知 $\beta_i(i=1,2,3)$ 都不是 $Ax=0$ 的解，即 $AB\neq O$，则 $r(AB)\geqslant 1$. 又 $r(AB)<r(A)$，则矩阵 B 不可逆（若 B 可逆，则 $r(AB)=r(A)$，这和 $r(AB)<r(A)$ 矛盾），即 $r(B)\leqslant 2$，从而 $r(AB)<r(B)\leqslant 2$，即 $r(AB)\leqslant 1$，从而有 $r(AB)=1$.

【注】若 $\boldsymbol{B}$ 可逆，则有 $r(\boldsymbol{AB})=r(\boldsymbol{A})$. 但反之，若 $r(\boldsymbol{AB})=r(\boldsymbol{A})$，则不一定有 $\boldsymbol{B}$ 可逆. 如 $\boldsymbol{A}=\boldsymbol{O}$，则有 $r(\boldsymbol{AB})=r(\boldsymbol{A})$，$\boldsymbol{B}$ 可为任意矩阵.

例 4.3 设 $\boldsymbol{A}=\begin{bmatrix}1&1&1&1\\0&1&-1&a\\2&3&a&4\\3&5&1&9\end{bmatrix}$，若 $r(\boldsymbol{A}^*)=1$，则 $a=$（　　）.

（A）1　　（B）3　　（C）1 或 3　　（D）无法确定

【解】应选（C）.

由 $r(\boldsymbol{A}^*)=1$，得 $r(\boldsymbol{A})=3$，则 $|\boldsymbol{A}|=0$，即

$$0=\begin{vmatrix}1&1&1&1\\0&1&-1&a\\2&3&a&4\\3&5&1&9\end{vmatrix}\overset{\substack{(-2)\text{倍加至}\\(-3)\text{倍加至}}}{=}\begin{vmatrix}1&1&1&1\\0&1&-1&a\\0&1&a-2&2\\0&2&-2&6\end{vmatrix}$$

（第二个行列式中：(-1)倍加至，(-2)倍加至）

$$=\begin{vmatrix}1&1&1&1\\0&1&-1&a\\0&0&a-1&2-a\\0&0&0&6-2a\end{vmatrix}=(a-1)(6-2a),$$

解得 $a=1$ 或 $a=3$，经验算，此时均满足 $r(\boldsymbol{A})=3$，故选（C）.

例 4.4 设 $\boldsymbol{A}$ 是 5 阶方阵，且 $\boldsymbol{A}^2=\boldsymbol{O}$，则 $r(\boldsymbol{A}^*)=$________.

【解】应填 0.

因为

$$\boldsymbol{A}^2=\boldsymbol{AA}=\boldsymbol{O},\ r(\boldsymbol{A})+r(\boldsymbol{A})\leqslant 5,\ r(\boldsymbol{A})\leqslant 2,$$

从而

$$\boldsymbol{A}^*=\boldsymbol{O},\ r(\boldsymbol{A}^*)=0.$$

例 4.5 设 $\boldsymbol{A}=\begin{bmatrix}1&3&a\\-1&-2&1\\2&6&1\end{bmatrix}$，若 $\boldsymbol{Ax}=\boldsymbol{0}$ 的基础解系中只有 1 个解向量，则 $a=$________.

【解】应填 $\frac{1}{2}$.

由题意，有 $1=s=3-r(\boldsymbol{A})$，故 $r(\boldsymbol{A})=2$，则 $|\boldsymbol{A}|=1-2a=0$，因此 $a=\frac{1}{2}$.

【注】亦可命制成"$\boldsymbol{Ax}=\boldsymbol{0}$ 的任一解均可由一个 3 维非零解向量 $\boldsymbol{\xi}$ 线性表示"，答案不变.

例 4.6 设 $\boldsymbol{A}$，$\boldsymbol{B}$ 为 n 阶矩阵，记 $r(\boldsymbol{X})$ 为矩阵 $\boldsymbol{X}$ 的秩，$[\boldsymbol{X}\ \ \boldsymbol{Y}]$ 表示分块矩阵，则（　　）.

（A）$r([\boldsymbol{A}\ \ \boldsymbol{AB}])=r(\boldsymbol{A})$　　（B）$r([\boldsymbol{A}\ \ \boldsymbol{BA}])=r(\boldsymbol{A})$

(C) $r([A \quad B])=\max\{r(A), r(B)\}$　　(D) $r([A \quad B])=r([A^{\mathrm{T}} \quad B^{\mathrm{T}}])$

【解】应选(A).

法一　一方面，A是$[A \quad AB]$的子矩阵，因此$r([A \quad AB])\geqslant r(A)$.

另一方面，$[A \quad AB]$是A与$[E \quad B]$的乘积，即$[A \quad AB]=A[E \quad B]$，因此$r([A \quad AB])\leqslant r(A)$，故$r([A \quad AB])=r(A)$，选(A).

法二　设$C=AB$，则C的列向量可由A的列向量线性表示，故$r([A \quad AB])=r([A \quad C])=r(A)$，选(A).

【注】(1) 在法一中，$[A \quad AB]=A[E \quad B]$，但是$[A \quad BA]\neq[E \quad B]A$，因为不满足乘法规则.

(2) 对于选项(B),(C),(D)可举出反例.

取$A=\begin{bmatrix}1&0\\0&0\end{bmatrix}$，$B=\begin{bmatrix}0&1\\1&0\end{bmatrix}$，则$BA=\begin{bmatrix}0&1\\1&0\end{bmatrix}\begin{bmatrix}1&0\\0&0\end{bmatrix}=\begin{bmatrix}0&0\\1&0\end{bmatrix}$，从而$r(A)=1$，$r([A \quad BA])=r\left(\begin{bmatrix}1&0&0&0\\0&0&1&0\end{bmatrix}\right)=2$，有$r(A)\neq r([A \quad BA])$，知选项(B)错误；

取$A=\begin{bmatrix}1&0\\0&0\end{bmatrix}$，$B=\begin{bmatrix}0&0\\1&0\end{bmatrix}$，则$r(A)=r(B)=1$，而

$$r([A \quad B])=r\left(\begin{bmatrix}1&0&0&0\\0&0&1&0\end{bmatrix}\right)=2\neq\max\{r(A), r(B)\},$$

知选项(C)错误；

取$A=\begin{bmatrix}1&0\\0&0\end{bmatrix}$，$B=\begin{bmatrix}0&1\\0&0\end{bmatrix}$，则$r([A \quad B])=r\left(\begin{bmatrix}1&0&0&1\\0&0&0&0\end{bmatrix}\right)=1$，而

$$r([A^{\mathrm{T}} \quad B^{\mathrm{T}}])=r\left(\begin{bmatrix}1&0&0&0\\0&0&1&0\end{bmatrix}\right)=2\neq r([A \quad B]),$$

知选项(D)也错误.

(3) ①若$A_{m\times n}B_{n\times s}=O$，将$B$，$O$按列分块，有

$$AB=A[\beta_1,\beta_2,\cdots,\beta_s]=[A\beta_1,A\beta_2,\cdots,A\beta_s]=[\mathbf{0},\mathbf{0},\cdots,\mathbf{0}],$$

则$A\beta_i=\mathbf{0}$ $(i=1,2,\cdots,s)$，故β_i $(i=1,2,\cdots,s)$是$Ax=\mathbf{0}$的解.

②设矩阵$A_{m\times n}$，$B_{n\times s}$，若$AB=C$，则C是$m\times s$矩阵.将B，C按行分块，有

$$\begin{bmatrix}a_{11}&a_{12}&\cdots&a_{1n}\\a_{21}&a_{22}&\cdots&a_{2n}\\\vdots&\vdots&&\vdots\\a_{m1}&a_{m2}&\cdots&a_{mn}\end{bmatrix}\begin{bmatrix}\beta_1\\\beta_2\\\vdots\\\beta_n\end{bmatrix}=\begin{bmatrix}\gamma_1\\\gamma_2\\\vdots\\\gamma_m\end{bmatrix},$$

则$\gamma_i=a_{i1}\beta_1+a_{i2}\beta_2+\cdots+a_{in}\beta_n$ $(i=1,2,\cdots,m)$，故C的行向量是B的行向量的线性组合.

类似地，若 $\boldsymbol{A}$，$\boldsymbol{C}$ 按列分块，则有

$$[\boldsymbol{\alpha}_1,\ \boldsymbol{\alpha}_2,\ \cdots,\ \boldsymbol{\alpha}_n]\begin{bmatrix} b_{11} & b_{12} & \cdots & b_{1s} \\ b_{21} & b_{22} & \cdots & b_{2s} \\ \vdots & \vdots & & \vdots \\ b_{n1} & b_{n2} & \cdots & b_{ns} \end{bmatrix}=[\boldsymbol{\xi}_1,\boldsymbol{\xi}_2,\cdots,\boldsymbol{\xi}_s],$$

则 $\boldsymbol{\xi}_i=\boldsymbol{\alpha}_1 b_{1i}+\boldsymbol{\alpha}_2 b_{2i}+\cdots+\boldsymbol{\alpha}_n b_{ni}$ $(i=1,\ 2,\ \cdots,\ s)$，故 $\boldsymbol{C}$ 的列向量是 $\boldsymbol{A}$ 的列向量的线性组合．

例 4.7 已知 n 阶矩阵 $\boldsymbol{A}$，$\boldsymbol{B}$，$\boldsymbol{C}$ 满足 $\boldsymbol{ABC}=\boldsymbol{O}$，$\boldsymbol{E}$ 为 n 阶单位矩阵，记矩阵 $\begin{bmatrix} \boldsymbol{O} & \boldsymbol{A} \\ \boldsymbol{BC} & \boldsymbol{E} \end{bmatrix}$，$\begin{bmatrix} \boldsymbol{AB} & \boldsymbol{C} \\ \boldsymbol{O} & \boldsymbol{E} \end{bmatrix}$，$\begin{bmatrix} \boldsymbol{E} & \boldsymbol{AB} \\ \boldsymbol{AB} & \boldsymbol{O} \end{bmatrix}$ 的秩分别为 r_1，r_2，r_3，则（　　）．

（A）$r_1\leqslant r_2\leqslant r_3$　（B）$r_1\leqslant r_3\leqslant r_2$　（C）$r_3\leqslant r_1\leqslant r_2$　（D）$r_2\leqslant r_1\leqslant r_3$

【解】应选（B）．

（$-\boldsymbol{A}$）倍加至 $\begin{bmatrix} \boldsymbol{O} & \boldsymbol{A} \\ \boldsymbol{BC} & \boldsymbol{E} \end{bmatrix}$

对于 $\begin{bmatrix} \boldsymbol{O} & \boldsymbol{A} \\ \boldsymbol{BC} & \boldsymbol{E} \end{bmatrix}$，将分块矩阵的第二行的 $-\boldsymbol{A}$ 倍加至第一行，即

$$\begin{bmatrix} \boldsymbol{E} & -\boldsymbol{A} \\ \boldsymbol{O} & \boldsymbol{E} \end{bmatrix}\begin{bmatrix} \boldsymbol{O} & \boldsymbol{A} \\ \boldsymbol{BC} & \boldsymbol{E} \end{bmatrix}=\begin{bmatrix} -\boldsymbol{ABC} & \boldsymbol{O} \\ \boldsymbol{BC} & \boldsymbol{E} \end{bmatrix}=\begin{bmatrix} \boldsymbol{O} & \boldsymbol{O} \\ \boldsymbol{BC} & \boldsymbol{E} \end{bmatrix},$$

其秩 $r_1=n$；

（$-\boldsymbol{C}$）倍加至 $\begin{bmatrix} \boldsymbol{AB} & \boldsymbol{C} \\ \boldsymbol{O} & \boldsymbol{E} \end{bmatrix}$

对于 $\begin{bmatrix} \boldsymbol{AB} & \boldsymbol{C} \\ \boldsymbol{O} & \boldsymbol{E} \end{bmatrix}$，将分块矩阵的第二行的 $-\boldsymbol{C}$ 倍加至第一行，即

$$\begin{bmatrix} \boldsymbol{E} & -\boldsymbol{C} \\ \boldsymbol{O} & \boldsymbol{E} \end{bmatrix}\begin{bmatrix} \boldsymbol{AB} & \boldsymbol{C} \\ \boldsymbol{O} & \boldsymbol{E} \end{bmatrix}=\begin{bmatrix} \boldsymbol{AB} & \boldsymbol{O} \\ \boldsymbol{O} & \boldsymbol{E} \end{bmatrix},$$

其秩 $r_2=r(\boldsymbol{AB})+n$；

（$-\boldsymbol{AB}$）倍加至 $\begin{bmatrix} \boldsymbol{E} & \boldsymbol{AB} \\ \boldsymbol{AB} & \boldsymbol{O} \end{bmatrix}$

对于 $\begin{bmatrix} \boldsymbol{E} & \boldsymbol{AB} \\ \boldsymbol{AB} & \boldsymbol{O} \end{bmatrix}$，先将分块矩阵第一行的 $-\boldsymbol{AB}$ 倍加至第二行，即

（$-\boldsymbol{AB}$）倍加至 $\begin{bmatrix} \boldsymbol{E} & \boldsymbol{AB} \\ \boldsymbol{O} & -\boldsymbol{ABAB} \end{bmatrix}$

$$\begin{bmatrix} \boldsymbol{E} & \boldsymbol{O} \\ -\boldsymbol{AB} & \boldsymbol{E} \end{bmatrix}\begin{bmatrix} \boldsymbol{E} & \boldsymbol{AB} \\ \boldsymbol{AB} & \boldsymbol{O} \end{bmatrix}=\begin{bmatrix} \boldsymbol{E} & \boldsymbol{AB} \\ \boldsymbol{O} & -\boldsymbol{ABAB} \end{bmatrix},$$

再将分块矩阵第一列的 $-\boldsymbol{AB}$ 倍加至第二列，即

$$\begin{bmatrix} \boldsymbol{E} & \boldsymbol{AB} \\ \boldsymbol{O} & -\boldsymbol{ABAB} \end{bmatrix}\begin{bmatrix} \boldsymbol{E} & -\boldsymbol{AB} \\ \boldsymbol{O} & \boldsymbol{E} \end{bmatrix}=\begin{bmatrix} \boldsymbol{E} & \boldsymbol{O} \\ \boldsymbol{O} & -\boldsymbol{ABAB} \end{bmatrix},$$

其秩 $r_3=r(-\boldsymbol{ABAB})+n$.

又由于

$$r(\boldsymbol{AB})\geqslant r(-\boldsymbol{ABAB})\geqslant 0,$$

于是 $r_2\geqslant r_3\geqslant r_1$，故选（B）．

例 4.8　设 $\boldsymbol{A}$ 是 4×3 矩阵，$\boldsymbol{B}$ 是 3×4 的非零矩阵，且满足 $\boldsymbol{AB}=\boldsymbol{O}$，其中

$$\boldsymbol{A}=\begin{bmatrix} t & 1 & 1 \\ 9 & t & 3 \\ 7t-18 & 7-2t & 1 \\ 9+t & 1+t & 4 \end{bmatrix},$$

则必有（　　）.

（A）当 $t=3$ 时，$r(\boldsymbol{B})=1$

（B）当 $t\neq3$ 时，$r(\boldsymbol{B})=1$

（C）当 $t=3$ 时，$r(\boldsymbol{B})=2$

（D）当 $t\neq3$ 时，$r(\boldsymbol{B})=2$

【解】应选（B）.

由题设 $\boldsymbol{AB}=\boldsymbol{O}$，知 $r(\boldsymbol{A})+r(\boldsymbol{B})\leqslant3$（3 是 $\boldsymbol{A}$ 的列数或 $\boldsymbol{B}$ 的行数）.

因 $\boldsymbol{B}$ 是非零矩阵，故 $r(\boldsymbol{B})\geqslant1$，从而有 $1\leqslant r(\boldsymbol{B})\leqslant3-r(\boldsymbol{A})$.

又

$$\boldsymbol{A}=\begin{bmatrix} t & 1 & 1 \\ 9 & t & 3 \\ 7t-18 & 7-2t & 1 \\ 9+t & 1+t & 4 \end{bmatrix}\to\begin{bmatrix} t & 1 & 1 \\ 9-3t & t-3 & 0 \\ 6t-18 & 6-2t & 0 \\ 9-3t & t-3 & 0 \end{bmatrix}\to\begin{bmatrix} t & 1 & 1 \\ 9-3t & t-3 & 0 \\ 0 & 0 & 0 \\ 0 & 0 & 0 \end{bmatrix}.$$

（第一步：第 1 行的 (-3) 倍加至第 2 行，(-1) 倍加至第 3 行，(-4) 倍加至第 4 行；第二步：第 2 行的 2 倍加至第 3 行，(-1) 倍加至第 4 行）

当 $t=3$ 时，$r(\boldsymbol{A})=1$，故 $1\leqslant r(\boldsymbol{B})\leqslant2$，$r(\boldsymbol{B})=1$ 或 $r(\boldsymbol{B})=2$，故（A），（C）不成立.

当 $t\neq3$ 时，$r(\boldsymbol{A})=2$，故 $1\leqslant r(\boldsymbol{B})\leqslant1$，得 $r(\boldsymbol{B})=1$.

故应选（B）.

第5讲 线性方程组

知识结构

- 具体型方程组
  - 线性方程组理论
    - 齐次线性方程组
      - 解的性质 — ξ_1，ξ_2 是 $\boldsymbol{Ax}=\boldsymbol{0}$ 的解，则 $k_1\xi_1+k_2\xi_2$ 也是它的解（k_1，$k_2\in\mathbf{R}$）
      - 基础解系
        - ①是解
        - ②线性无关
        - ③ $s=n-r(\boldsymbol{A})$
      - 齐次线性方程组有非零解的充要条件及其通解
        - 充要条件 — $r(\boldsymbol{A})<n$
        - 通解 — $\boldsymbol{x}=k_1\xi_1+k_2\xi_2+\cdots+k_{n-r}\xi_{n-r}$
    - 非齐次线性方程组
      - 解的性质 — $\boldsymbol{\eta}_1$，$\boldsymbol{\eta}_2$ 是 $\boldsymbol{Ax}=\boldsymbol{b}$ 的解，则 $\boldsymbol{\eta}_1-\boldsymbol{\eta}_2$ 是 $\boldsymbol{Ax}=\boldsymbol{0}$ 的解
      - 非齐次线性方程组解的情形
        - $r(\boldsymbol{A})=r([\boldsymbol{A} \vdots \boldsymbol{b}])=n$ 时，方程组有唯一解
        - $r(\boldsymbol{A})=r([\boldsymbol{A} \vdots \boldsymbol{b}])<n$ 时，方程组有无穷多解
        - $r(\boldsymbol{A})\neq r([\boldsymbol{A} \vdots \boldsymbol{b}])$ 时，方程组无解
      - 非齐次线性方程组的通解 — $\boldsymbol{x}=\boldsymbol{\eta}^*+k_1\xi_1+k_2\xi_2+\cdots+k_{n-r}\xi_{n-r}$
  - 解线性方程组
    - 先用初等行变换将齐次方程组的系数矩阵或非齐次方程组的增广矩阵化为行阶梯形矩阵，再用方程组理论判别、求解
    - “方形”（方程个数 = 未知数个数）的方程组
      - ① $|\boldsymbol{A}|\neq 0 \Leftrightarrow$ 方程组有唯一解 $\Leftrightarrow f(\lambda)\neq 0$
      - ② $|\boldsymbol{A}|=0 \Leftrightarrow f(\lambda)=0$
      - ③变体形式：含参数的向量之间的线性关系
  - 公共解与同解问题
    - 公共解
      - ①联立方程 $\begin{bmatrix}\boldsymbol{A}\\\boldsymbol{B}\end{bmatrix}\boldsymbol{x}=\boldsymbol{0}$ 的解
      - ②求出 $\boldsymbol{A}_{m\times n}\boldsymbol{x}=\boldsymbol{0}$ 的通解 $k_1\xi_1+k_2\xi_2+\cdots+k_s\xi_s$，代入 $\boldsymbol{B}_{m\times n}\boldsymbol{x}=\boldsymbol{0}$，求出 k_i 之间的关系，代回 $\boldsymbol{A}_{m\times n}\boldsymbol{x}=\boldsymbol{0}$ 的通解
      - ③给出 $\boldsymbol{A}_{m\times n}\boldsymbol{x}=\boldsymbol{0}$ 的基础解系 ξ_1，ξ_2，…，ξ_s 与 $\boldsymbol{B}_{m\times n}\boldsymbol{x}=\boldsymbol{0}$ 的基础解系 $\boldsymbol{\eta}_1$，$\boldsymbol{\eta}_2$，…，$\boldsymbol{\eta}_t$，则公共解 $\gamma=k_1\xi_1+k_2\xi_2+\cdots+k_s\xi_s=l_1\boldsymbol{\eta}_1+l_2\boldsymbol{\eta}_2+\cdots+l_t\boldsymbol{\eta}_t$
    - 同解方程组
      - $\boldsymbol{Ax}=\boldsymbol{0}$，$\boldsymbol{Bx}=\boldsymbol{0}$ 是同解方程组
      - $\Leftrightarrow \boldsymbol{Ax}=\boldsymbol{0}$ 的解满足 $\boldsymbol{Bx}=\boldsymbol{0}$，且 $\boldsymbol{Bx}=\boldsymbol{0}$ 的解满足 $\boldsymbol{Ax}=\boldsymbol{0}$
      - $\Leftrightarrow r(\boldsymbol{A})=r(\boldsymbol{B})$，且 $\boldsymbol{Ax}=\boldsymbol{0}$ 的解满足 $\boldsymbol{Bx}=\boldsymbol{0}$
      - $\Leftrightarrow r(\boldsymbol{A})=r(\boldsymbol{B})=r\left(\begin{bmatrix}\boldsymbol{A}\\\boldsymbol{B}\end{bmatrix}\right)$

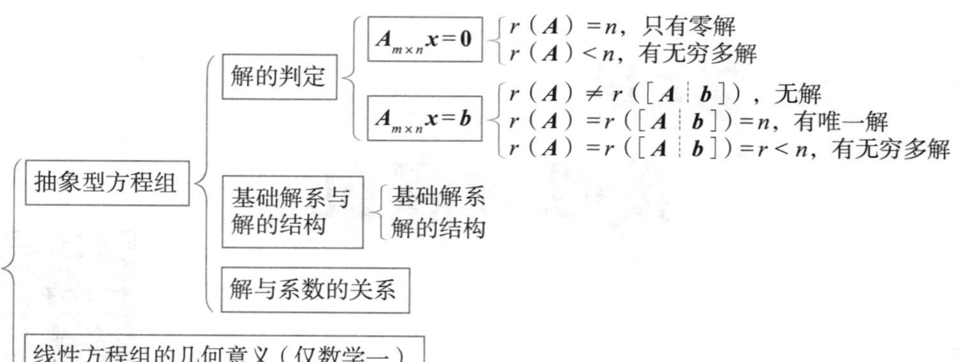

一 具体型方程组

1. 线性方程组理论

（1）齐次线性方程组.

①解的性质.

对于齐次线性方程组

$$A_{m\times n}x=0,$$

若ξ_1，ξ_2是方程组$Ax=0$的解，则$x=k_1\xi_1+k_2\xi_2$也是它的解（k_1，$k_2\in\mathbf{R}$）.

②基础解系.

设$r(A)<n$，ξ_1，ξ_2，…，ξ_s是方程组$Ax=0$的一组解向量，如果

（i）ξ_1，ξ_2，…，ξ_s线性无关；

（ii）方程组$Ax=0$的任一解向量均可由ξ_1，ξ_2，…，ξ_s线性表示，即$s=n-r(A)$.

则称ξ_1，ξ_2，…，ξ_s是方程组$Ax=0$的一个基础解系.

【注】基础解系应满足3个条件：①是解；②线性无关；③$s=n-r(A)$.

③齐次线性方程组有非零解的充要条件及其通解.

齐次线性方程组$Ax=0$有非零解的充要条件是$r(A)<n$，此时它的通解为

$$x=k_1\xi_1+k_2\xi_2+\cdots+k_{n-r}\xi_{n-r},$$

其中$r=r(A)$，k_1，k_2，…，k_{n-r}为任意常数，ξ_1，ξ_2，…，ξ_{n-r}为方程组$Ax=0$的一个基础解系.

（2）非齐次线性方程组.

①解的性质.

对于非齐次线性方程组

$$A_{m\times n}x=b,$$

若$x=\eta_1$，$x=\eta_2$都是方程组$Ax=b$的解，则$x=\eta_1-\eta_2$是相应的齐次线性方程组$Ax=0$的解.

②非齐次线性方程组解的情形.

当 $r(\boldsymbol{A})=r([\boldsymbol{A} \vdots \boldsymbol{b}])=n$ 时，方程组有唯一解；

当 $r(\boldsymbol{A})=r([\boldsymbol{A} \vdots \boldsymbol{b}])<n$ 时，方程组有无穷多解；

当 $r(\boldsymbol{A})\neq r([\boldsymbol{A} \vdots \boldsymbol{b}])$ 时，方程组无解.

③非齐次线性方程组的通解.

设 $r(\boldsymbol{A})=r<n$，若 $\boldsymbol{\xi}_1$，$\boldsymbol{\xi}_2$，…，$\boldsymbol{\xi}_{n-r}$ 为方程组 $\boldsymbol{Ax}=\boldsymbol{b}$ 相应的齐次线性方程组 $\boldsymbol{Ax}=\boldsymbol{0}$ 的基础解系，$\boldsymbol{\eta}^*$ 为方程组 $\boldsymbol{Ax}=\boldsymbol{b}$ 的一个特解，则方程组 $\boldsymbol{Ax}=\boldsymbol{b}$ 的通解为

$$\boldsymbol{x}=\boldsymbol{\eta}^*+k_1\boldsymbol{\xi}_1+k_2\boldsymbol{\xi}_2+\cdots+k_{n-r}\boldsymbol{\xi}_{n-r},$$

其中 k_1，k_2，…，k_{n-r} 为任意常数.

【注】①与方程组 $\boldsymbol{Ax}=\boldsymbol{b}$ 对应的齐次方程组 $\boldsymbol{Ax}=\boldsymbol{0}$ 称为非齐次方程组 $\boldsymbol{Ax}=\boldsymbol{b}$ 的导出组，故上述结论可简述为非齐次线性方程组的通解等于它的一个特解与其导出组的通解之和.

②当未知数个数等于方程个数，且 $|\boldsymbol{A}|\neq 0$ 时，可用克拉默法则求解.

2. 解线性方程组

（1）先用初等行变换将齐次方程组的系数矩阵或非齐次方程组的增广矩阵化为行阶梯形矩阵，再用方程组理论判别、求解.

【注】若不能化成（或很难化成）阶梯形，只要所得矩阵对应的方程组与原方程组同解且易于求解，不化成阶梯形也要.

（2）“方形”（方程个数 = 未知数个数）的方程组.

若方程组的系数矩阵中含参数 λ，且系数行列式等于 $f(\lambda)$，则

① $|\boldsymbol{A}|\neq 0 \Leftrightarrow$ 方程组有唯一解 $\Leftrightarrow f(\lambda)\neq 0$. 此时可用克拉默法则求解.

② $|\boldsymbol{A}|=0 \Leftrightarrow f(\lambda)=0$. 求出所有零点后，逐个代入方程组，再求解.

③注意这个知识点的变体形式：含参数的向量之间的线性关系.

例 5.1　已知齐次线性方程组

$$\begin{cases}(a_1+b)x_1+a_2x_2+a_3x_3+\cdots+a_nx_n=0,\\ a_1x_1+(a_2+b)x_2+a_3x_3+\cdots+a_nx_n=0,\\ a_1x_1+a_2x_2+(a_3+b)x_3+\cdots+a_nx_n=0,\\ \cdots\cdots \\ a_1x_1+a_2x_2+a_3x_3+\cdots+(a_n+b)x_n=0,\end{cases}$$

其中 $\sum_{i=1}^{n}a_i\neq 0$，讨论 a_1，a_2，…，a_n 和 b 满足何种关系时，

（1）方程组仅有零解；

（2）方程组有非零解，并求此方程组的一个基础解系.

【解】方程组的系数行列式

$$|A|=\begin{vmatrix} a_1+b & a_2 & a_3 & \cdots & a_n \\ a_1 & a_2+b & a_3 & \cdots & a_n \\ a_1 & a_2 & a_3+b & \cdots & a_n \\ \vdots & \vdots & \vdots & & \vdots \\ a_1 & a_2 & a_3 & \cdots & a_n+b \end{vmatrix}=\begin{vmatrix} b+\sum_{i=1}^{n}a_i & a_2 & a_3 & \cdots & a_n \\ b+\sum_{i=1}^{n}a_i & a_2+b & a_3 & \cdots & a_n \\ b+\sum_{i=1}^{n}a_i & a_2 & a_3+b & \cdots & a_n \\ \vdots & \vdots & \vdots & & \vdots \\ b+\sum_{i=1}^{n}a_i & a_2 & a_3 & \cdots & a_n+b \end{vmatrix}$$

$$=\left(b+\sum_{i=1}^{n}a_i\right)\begin{vmatrix} 1 & a_2 & a_3 & \cdots & a_n \\ 1 & a_2+b & a_3 & \cdots & a_n \\ 1 & a_2 & a_3+b & \cdots & a_n \\ \vdots & \vdots & \vdots & & \vdots \\ 1 & a_2 & a_3 & \cdots & a_n+b \end{vmatrix}=\left(b+\sum_{i=1}^{n}a_i\right)\begin{vmatrix} 1 & a_2 & a_3 & \cdots & a_n \\ 0 & b & 0 & \cdots & 0 \\ 0 & 0 & b & \cdots & 0 \\ \vdots & \vdots & \vdots & & \vdots \\ 0 & 0 & 0 & \cdots & b \end{vmatrix}$$

$$=b^{n-1}\left(b+\sum_{i=1}^{n}a_i\right).$$

(1)当 $b\neq 0$ 且 $b+\sum_{i=1}^{n}a_i\neq 0$ 时，$r(A)=n$，方程组仅有零解.

(2)当 $b=0$ 时，原方程组的同解方程组为 $a_1x_1+a_2x_2+\cdots+a_nx_n=0$，由 $\sum_{i=1}^{n}a_i\neq 0$ 可知，$a_i(i=1,2,\cdots,n)$ 不全为零，不妨设 $a_1\neq 0$，得原方程组的一个基础解系为

$$\boldsymbol{\alpha}_1=\left[-\frac{a_2}{a_1},1,0,\cdots,0\right]^{\mathrm{T}},\ \boldsymbol{\alpha}_2=\left[-\frac{a_3}{a_1},0,1,\cdots,0\right]^{\mathrm{T}},\ \cdots,\ \boldsymbol{\alpha}_{n-1}=\left[-\frac{a_n}{a_1},0,0,\cdots,1\right]^{\mathrm{T}}.$$

当 $b=-\sum_{i=1}^{n}a_i$ 时，有 $b\neq 0$，原方程组的系数矩阵可化为

$$\begin{bmatrix} a_1-\sum_{i=1}^{n}a_i & a_2 & a_3 & \cdots & a_n \\ -1 & 1 & 0 & \cdots & 0 \\ -1 & 0 & 1 & \cdots & 0 \\ \vdots & \vdots & \vdots & & \vdots \\ -1 & 0 & 0 & \cdots & 1 \end{bmatrix}\to\begin{bmatrix} 0 & 0 & 0 & \cdots & 0 \\ -1 & 1 & 0 & \cdots & 0 \\ -1 & 0 & 1 & \cdots & 0 \\ \vdots & \vdots & \vdots & & \vdots \\ -1 & 0 & 0 & \cdots & 1 \end{bmatrix}\to\begin{bmatrix} -1 & 1 & 0 & \cdots & 0 \\ -1 & 0 & 1 & \cdots & 0 \\ \vdots & \vdots & \vdots & & \vdots \\ -1 & 0 & 0 & \cdots & 1 \\ 0 & 0 & 0 & \cdots & 0 \end{bmatrix},$$

由此得原方程组的同解方程组为 $x_2=x_1$，$x_3=x_1$，$\cdots$，$x_n=x_1$，故原方程组的一个基础解系为 $\boldsymbol{\alpha}=[1,1,\cdots,1]^{\mathrm{T}}$.

【注】本题是 n 个方程 n 个未知数，且系数矩阵是特殊形式，故可利用行列式分析解的情况.

例 5.2 设 $A=\begin{bmatrix}\lambda & 1 & 1\\ 0 & \lambda-1 & 0\\ 1 & 1 & \lambda\end{bmatrix}$，$b=\begin{bmatrix}a\\1\\1\end{bmatrix}$. 已知线性方程组 $Ax=b$ 存在两个不同的解.

（1）求 λ，a；

（2）求方程组 $Ax=b$ 的通解.

【解】（1）因为非齐次线性方程组 $Ax=b$ 有两个不同的解（即有无穷多解），所以系数行列式

$$|A|=\begin{vmatrix}\lambda & 1 & 1\\ 0 & \lambda-1 & 0\\ 1 & 1 & \lambda\end{vmatrix}=(\lambda-1)^2(\lambda+1)=0,$$

解得 $\lambda=-1$ 或 1.

当 $\lambda=1$ 时，对方程组 $Ax=b$ 的增广矩阵作初等行变换，有

$$[A\ \vdots\ b]=\left[\begin{array}{ccc:c}1&1&1&a\\0&0&0&1\\1&1&1&1\end{array}\right]\xrightarrow{\text{互换}}\left[\begin{array}{ccc:c}1&1&1&1\\0&0&0&1\\1&1&1&a\end{array}\right]\xrightarrow{(-1)\text{倍加至}}\left[\begin{array}{ccc:c}1&1&1&1\\0&0&0&1\\0&0&0&a-1\end{array}\right],$$

则其增广矩阵的秩为 2，系数矩阵 A 的秩为 1，方程组 $Ax=b$ 无解，故 $\lambda=1$ 应舍去.

当 $\lambda=-1$ 时，对方程组 $Ax=b$ 的增广矩阵作初等行变换，有

$$[A\ \vdots\ b]=\left[\begin{array}{ccc:c}-1&1&1&a\\0&-2&0&1\\1&1&-1&1\end{array}\right]\xrightarrow{\text{互换}}\left[\begin{array}{ccc:c}1&1&-1&1\\0&-2&0&1\\-1&1&1&a\end{array}\right]\ (1\text{倍加至},\ 1\text{倍加至})$$

$$\to\left[\begin{array}{ccc:c}1&1&-1&1\\0&-2&0&1\\0&0&0&a+2\end{array}\right]\xrightarrow{\times(-1)}\left[\begin{array}{ccc:c}1&1&-1&1\\0&2&0&-1\\0&0&0&a+2\end{array}\right]=B.$$

因为方程组 $Ax=b$ 有解，所以 $a+2=0$，即 $a=-2$.

综上，$\lambda=-1$，$a=-2$.

（2）当 $\lambda=-1$，$a=-2$ 时，继续对（1）中的矩阵 B 作初等行变换，得

$$B\to\left[\begin{array}{ccc:c}1&0&-1&\frac{3}{2}\\0&1&0&-\frac{1}{2}\\0&0&0&0\end{array}\right],$$

于是方程组 $Ax=b$ 的通解为

$$x=\frac{1}{2}\begin{bmatrix}3\\-1\\0\end{bmatrix}+k\begin{bmatrix}1\\0\\1\end{bmatrix},$$

其中 k 为任意常数.

3. 公共解与同解问题

（1）公共解.

①齐次线性方程组 $\boldsymbol{A}_{m\times n}\boldsymbol{x}=\boldsymbol{0}$ 和 $\boldsymbol{B}_{m\times n}\boldsymbol{x}=\boldsymbol{0}$ 的公共解是满足方程组 $\begin{bmatrix}\boldsymbol{A}\\ \boldsymbol{B}\end{bmatrix}\boldsymbol{x}=\boldsymbol{0}$ 的解，即联立方程的解.同理，可求 $\boldsymbol{Ax}=\boldsymbol{\alpha}$ 与 $\boldsymbol{Bx}=\boldsymbol{\beta}$ 的公共解.

②求出 $\boldsymbol{A}_{m\times n}\boldsymbol{x}=\boldsymbol{0}$ 的通解 $k_1\xi_1+k_2\xi_2+\cdots+k_s\xi_s$，代入 $\boldsymbol{B}_{m\times n}\boldsymbol{x}=\boldsymbol{0}$，求出 k_i（$i=1,2,\cdots,s$）之间的关系，代回 $\boldsymbol{A}_{m\times n}\boldsymbol{x}=\boldsymbol{0}$ 的通解，即得公共解.

③若给出 $\boldsymbol{A}_{m\times n}\boldsymbol{x}=\boldsymbol{0}$ 的基础解系 $\xi_1,\xi_2,\cdots,\xi_s$ 与 $\boldsymbol{B}_{m\times n}\boldsymbol{x}=\boldsymbol{0}$ 的基础解系 $\boldsymbol{\eta}_1,\boldsymbol{\eta}_2,\cdots,\boldsymbol{\eta}_t$，则公共解

$$\gamma=k_1\xi_1+k_2\xi_2+\cdots+k_s\xi_s=l_1\boldsymbol{\eta}_1+l_2\boldsymbol{\eta}_2+\cdots+l_t\boldsymbol{\eta}_t,$$

即

$$k_1\xi_1+k_2\xi_2+\cdots+k_s\xi_s-l_1\boldsymbol{\eta}_1-l_2\boldsymbol{\eta}_2-\cdots-l_t\boldsymbol{\eta}_t=\boldsymbol{0},$$

解此式，求出 k_i 或 l_j，$i=1,2,\cdots,s$；$j=1,2,\cdots,t$，即可写出 γ.

【注】①对于齐次线性方程组 $\boldsymbol{Ax}=\boldsymbol{0}$ 和 $\boldsymbol{Bx}=\boldsymbol{0}$，因其必有零公共解，要求公共解，主要着眼于求非零公共解.

② $\boldsymbol{Ax}=\boldsymbol{0}$ 和 $\boldsymbol{Bx}=\boldsymbol{0}$ 有非零公共解 $\Leftrightarrow$ 存在不全为零的数 $k_1,k_2,\cdots,k_s$ 和 $l_1,l_2,\cdots,l_t$，使得

$$k_1\xi_1+k_2\xi_2+\cdots+k_s\xi_s=l_1\boldsymbol{\eta}_1+l_2\boldsymbol{\eta}_2+\cdots+l_t\boldsymbol{\eta}_t.$$

（2）同解方程组.

若两个方程组 $\boldsymbol{A}_{m\times n}\boldsymbol{x}=\boldsymbol{0}$ 和 $\boldsymbol{B}_{s\times n}\boldsymbol{x}=\boldsymbol{0}$ 有完全相同的解，则称它们为同解方程组.

于是，

$\boldsymbol{Ax}=\boldsymbol{0}$，$\boldsymbol{Bx}=\boldsymbol{0}$ 是同解方程组

$\Leftrightarrow$ $\boldsymbol{Ax}=\boldsymbol{0}$ 的解满足 $\boldsymbol{Bx}=\boldsymbol{0}$，且 $\boldsymbol{Bx}=\boldsymbol{0}$ 的解满足 $\boldsymbol{Ax}=\boldsymbol{0}$（互相把解代入满足方程组即可）

$\Leftrightarrow r(\boldsymbol{A})=r(\boldsymbol{B})$，且 $\boldsymbol{Ax}=\boldsymbol{0}$ 的解满足 $\boldsymbol{Bx}=\boldsymbol{0}$（或 $\boldsymbol{Bx}=\boldsymbol{0}$ 的解满足 $\boldsymbol{Ax}=\boldsymbol{0}$）

$\Leftrightarrow r(\boldsymbol{A})=r(\boldsymbol{B})=r\left(\begin{bmatrix}\boldsymbol{A}\\ \boldsymbol{B}\end{bmatrix}\right)$（三秩相同较方便）.

例 5.3 若齐次线性方程组

$$(\text{I})\begin{cases}x_1+2x_2+3x_3=0,\\ 2x_1+3x_2+5x_3=0,\\ x_1+x_2+ax_3=0\end{cases}$$

和

$$(\text{II})\begin{cases}x_1+bx_2+2x_3=0,\\ 2x_1+b^2x_2+3x_3=0\end{cases}$$

同解，则（　　）.

(A) $a=1$, $b=2$ (B) $a=2$, $b=1$

(C) $a=-1$, $b=2$ (D) $a=2$, $b=-1$

【解】应选(B).

上述两个方程组的系数矩阵分别记为 $\boldsymbol{A}$ 和 $\boldsymbol{B}$,则 $\boldsymbol{Ax}=\boldsymbol{0}$ 与 $\boldsymbol{Bx}=\boldsymbol{0}$ 同解,故

$$r(\boldsymbol{A})=r(\boldsymbol{B})=r\left(\begin{bmatrix}\boldsymbol{A}\\\boldsymbol{B}\end{bmatrix}\right).$$

注意到 $\boldsymbol{A}$ 中有2阶子式 $\begin{vmatrix}1&2\\2&3\end{vmatrix}\neq 0$,于是 $r(\boldsymbol{A})\geqslant 2$,而 $\boldsymbol{B}$ 只有两行,则 $r(\boldsymbol{B})\leqslant 2$,故

$$r(\boldsymbol{A})=r(\boldsymbol{B})=r\left(\begin{bmatrix}\boldsymbol{A}\\\boldsymbol{B}\end{bmatrix}\right)=2.$$

因为 $r(\boldsymbol{A})=2$,所以 $|\boldsymbol{A}|=0$,即

$$\begin{vmatrix}1&2&3\\2&3&5\\1&1&a\end{vmatrix}=2-a=0,$$

故 $a=2$. 又 $r\left(\begin{bmatrix}\boldsymbol{A}\\\boldsymbol{B}\end{bmatrix}\right)=2$,对 $\begin{bmatrix}\boldsymbol{A}\\\boldsymbol{B}\end{bmatrix}$ 作初等行变换,有

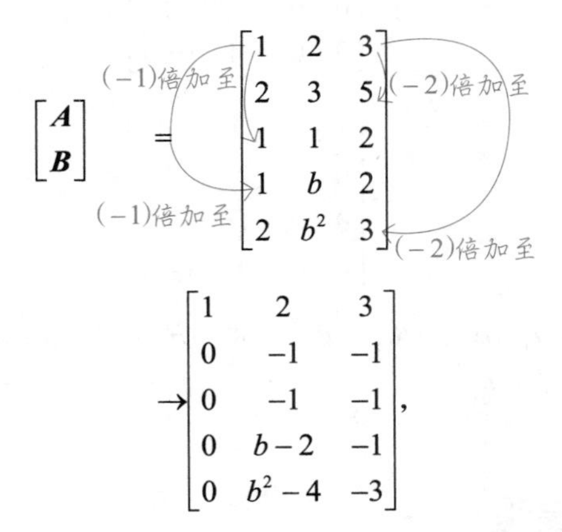

$$\begin{bmatrix}\boldsymbol{A}\\\boldsymbol{B}\end{bmatrix}=\begin{bmatrix}1&2&3\\2&3&5\\1&1&2\\1&b&2\\2&b^2&3\end{bmatrix}$$

$$\to\begin{bmatrix}1&2&3\\0&-1&-1\\0&-1&-1\\0&b-2&-1\\0&b^2-4&-3\end{bmatrix},$$

故 $\begin{cases}b-2=-1,\\b^2-4=-3,\end{cases}$ 解得 $b=1$.

例 5.4 设 $\boldsymbol{Ax}=\boldsymbol{0}$ 有基础解系

$$\boldsymbol{\alpha}_1=[1,1,2,1]^{\mathrm{T}},\ \boldsymbol{\alpha}_2=[0,-3,1,0]^{\mathrm{T}},$$

$\boldsymbol{Bx}=\boldsymbol{0}$ 有基础解系

$$\boldsymbol{\beta}_1=[1,3,0,2]^{\mathrm{T}},\ \boldsymbol{\beta}_2=[1,2,-1,a]^{\mathrm{T}},$$

若 $\boldsymbol{Ax}=\boldsymbol{0}$ 和 $\boldsymbol{Bx}=\boldsymbol{0}$ 没有非零公共解,则 a 的取值范围为________.

【解】应填 $(-\infty,3)\cup(3,+\infty)$.

由题设知,$\boldsymbol{Ax}=\boldsymbol{0}$ 有通解 $k_1\boldsymbol{\alpha}_1+k_2\boldsymbol{\alpha}_2$,$\boldsymbol{Bx}=\boldsymbol{0}$ 有通解 $k_3\boldsymbol{\beta}_1+k_4\boldsymbol{\beta}_2$.

$Ax=0$ 和 $Bx=0$ 没有非零公共解，故不存在不全为 0 的数 k_1，k_2，k_3，k_4，使得

$$\eta=k_1\alpha_1+k_2\alpha_2=k_3\beta_1+k_4\beta_2,$$

即 $k_1\alpha_1+k_2\alpha_2-k_3\beta_1-k_4\beta_2=0$ 只有零解 . 因

$$[\alpha_1,\ \alpha_2,\ -\beta_1,\ -\beta_2]=\begin{bmatrix}1&0&-1&-1\\1&-3&-3&-2\\2&1&0&1\\1&0&-2&-a\end{bmatrix}$$

（第 1 行的 (−1) 倍加至第 2 行；(−2) 倍加至第 3 行；(−1) 倍加至第 4 行）

$$\to\begin{bmatrix}1&0&-1&-1\\0&-3&-2&-1\\0&1&2&3\\0&0&-1&1-a\end{bmatrix}$$

（第 2、3 行互换；第 3 行的 3 倍加至第 2 行）

$$\to\begin{bmatrix}1&0&-1&-1\\0&1&2&3\\0&0&4&8\\0&0&-1&1-a\end{bmatrix}$$

（第 3 行 $\times\frac{1}{4}$）

$$\to\begin{bmatrix}1&0&-1&-1\\0&1&2&3\\0&0&1&2\\0&0&-1&1-a\end{bmatrix}$$

（第 3 行的 1 倍加至第 4 行）

$$\to\begin{bmatrix}1&0&-1&-1\\0&1&2&3\\0&0&1&2\\0&0&0&3-a\end{bmatrix}.$$

故当 $a\neq3$ 时，$r(\alpha_1,\ \alpha_2,\ -\beta_1,\ -\beta_2)=4$，方程组 $[\alpha_1,\ \alpha_2,\ -\beta_1,\ -\beta_2]x=0$ 只有零解，此时 $Ax=0$，$Bx=0$ 没有非零公共解 .

二 抽象型方程组

1. 解的判定

（1）$A_{m\times n}x=0$.

当 $r(A)=n$ 时，方程组只有零解；

当 $r(A)<n$ 时，方程组有无穷多解 .

（2）$A_{m\times n}x=b$.

当 $r(A)\neq r([A\ \vdots\ b])$ 时，方程组无解；

当 $r(A)=r([A\ \vdots\ b])=n$ 时，方程组有唯一解；

当 $r(A)=r([A\ \vdots\ b])=r<n$ 时，方程组有无穷多解 .

例 5.5 设 $\boldsymbol{A}$ 为 $m\times n$ 矩阵，则以下命题中

①若 $\boldsymbol{Ax}=\boldsymbol{0}$ 只有零解，则 $\boldsymbol{Ax}=\boldsymbol{b}$ 必有解；

②若 $\boldsymbol{Ax}=\boldsymbol{0}$ 有无穷多解，则 $\boldsymbol{Ax}=\boldsymbol{b}$ 必有解；

③若 $\boldsymbol{Ax}=\boldsymbol{b}$ 有唯一解，则 $\boldsymbol{Ax}=\boldsymbol{0}$ 只有零解；

④若 $\boldsymbol{Ax}=\boldsymbol{b}$ 有无穷多解，则 $\boldsymbol{Ax}=\boldsymbol{0}$ 必有无穷多解 .

所有真命题的序号为（　　）.

（A）①②　　　　（B）②③

（C）③④　　　　（D）①③④

【解】应选（C）.

若 $\boldsymbol{Ax}=\boldsymbol{0}$ 只有零解，则由 $r(\boldsymbol{A})=n$（列满秩）不能得到 $r([\boldsymbol{A}\,\vdots\,\boldsymbol{b}])=n$，故 $\boldsymbol{Ax}=\boldsymbol{b}$ 可能有解，可能无解 . ①不正确 .

若 $\boldsymbol{Ax}=\boldsymbol{0}$ 有无穷多解（有非零解），则由 $r(\boldsymbol{A})<n$（列不满秩）不能得到 $r(\boldsymbol{A})=r([\boldsymbol{A}\,\vdots\,\boldsymbol{b}])$，故 $\boldsymbol{Ax}=\boldsymbol{b}$ 可能有解，可能无解 . ②不正确 .

若 $\boldsymbol{Ax}=\boldsymbol{b}$ 有唯一解，则

$$r(\boldsymbol{A})=r([\boldsymbol{A}\,\vdots\,\boldsymbol{b}])=n,$$

故 $\boldsymbol{Ax}=\boldsymbol{0}$ 只有零解 . ③正确 .

若 $\boldsymbol{Ax}=\boldsymbol{b}$ 有无穷多解，则

$$r(\boldsymbol{A})=r([\boldsymbol{A}\,\vdots\,\boldsymbol{b}])<n,$$

故 $\boldsymbol{Ax}=\boldsymbol{0}$ 有非零解 . ④正确 .

2. 基础解系与解的结构

（1）基础解系 .

基础解系需满足 3 个条件：①是解；②线性无关；③ $s=n-r(\boldsymbol{A})$.

（2）解的结构 .

①齐次线性方程组 $\boldsymbol{Ax}=\boldsymbol{0}$ 有基础解系 ξ_1，ξ_2，…，ξ_{n-r}，则通解为

$$k_1\xi_1+k_2\xi_2+\cdots+k_{n-r}\xi_{n-r},$$

其中 k_1，k_2，…，k_{n-r} 是任意常数 .

②非齐次线性方程组 $\boldsymbol{Ax}=\boldsymbol{b}$ 有特解 $\boldsymbol{\eta}$，对应的齐次线性方程组 $\boldsymbol{Ax}=\boldsymbol{0}$ 有基础解系 ξ_1，ξ_2，…，ξ_{n-r}，则 $\boldsymbol{Ax}=\boldsymbol{b}$ 的通解为

$$k_1\xi_1+k_2\xi_2+\cdots+k_{n-r}\xi_{n-r}+\boldsymbol{\eta},$$

其中 k_1，k_2，…，k_{n-r} 是任意常数 .

【注】① $\boldsymbol{\eta}$，$\boldsymbol{\eta}+\xi_1$，$\boldsymbol{\eta}+\xi_2$，…，$\boldsymbol{\eta}+\xi_{n-r}$ 是 $\boldsymbol{Ax}=\boldsymbol{b}$ 的 $n-r+1$ 个线性无关的解 .

②方程组 $\boldsymbol{Ax}=\boldsymbol{b}$ 的任一解均可由 $\boldsymbol{\eta}$，$\boldsymbol{\eta}+\xi_1$，…，$\boldsymbol{\eta}+\xi_{n-r}$ 线性表示 .

例 5.6 设 A 是 3 阶非零矩阵，满足 $A^2=O$，若非齐次线性方程组 $Ax=b$ 有解，则其线性无关解向量的个数是（　　）.

（A）1　　（B）2

（C）3　　（D）4

【解】应选（C）.

由于 A 是 3×3 矩阵，$A^2=AA=O$，故 $r(A)+r(A)\leqslant 3$，得 $r(A)\leqslant 1$. 又 $A\neq O$，则 $r(A)\geqslant 1$，从而知 $r(A)=1$. 齐次方程组 $Ax=0$ 的基础解系中线性无关解向量的个数为 $n-r(A)=3-1=2$，故由上述的注可知，非齐次线性方程组 $Ax=b$ 的线性无关解向量的个数是 3，故选（C）.

例 5.7 设 3 阶矩阵 $A=[\alpha_1,\alpha_2,\alpha_3]$ 有 3 个不同的特征值，且 $\alpha_3=\alpha_1+2\alpha_2$.

（1）证明 $r(A)=2$；

（2）若 $\beta=\alpha_1+\alpha_2+\alpha_3$，求方程组 $Ax=\beta$ 的通解.

（1）【证】由 $\alpha_3=\alpha_1+2\alpha_2$，知 α_1，α_2，α_3 线性相关，故 $r(A)\leqslant 2$.

又因为 A 有 3 个不同的特征值，故 A 必可相似对角化，于是 A 至少有 2 个不为零的特征值，从而 $r(A)\geqslant 2$. 故 $r(A)=2$.

由第4讲“二”的“公式（17）”可知

（2）【解】由 $\alpha_1+2\alpha_2-\alpha_3=0$，知 $A\begin{bmatrix}1\\2\\-1\end{bmatrix}=0$，故 $\begin{bmatrix}1\\2\\-1\end{bmatrix}$ 为方程组 $Ax=0$ 的一个解.

又 $r(A)=2$，所以 $\begin{bmatrix}1\\2\\-1\end{bmatrix}$ 为 $Ax=0$ 的一个基础解系.

因为 $\beta=\alpha_1+\alpha_2+\alpha_3=A\begin{bmatrix}1\\1\\1\end{bmatrix}$，所以 $\begin{bmatrix}1\\1\\1\end{bmatrix}$ 为方程组 $Ax=\beta$ 的一个特解. 故 $Ax=\beta$ 的通解为

$$x=\begin{bmatrix}1\\1\\1\end{bmatrix}+k\begin{bmatrix}1\\2\\-1\end{bmatrix},$$

其中 k 为任意常数.

3. 解与系数的关系

若齐次线性方程组

$$\begin{cases}a_{11}x_1+a_{12}x_2+\cdots+a_{1n}x_n=0,\\a_{21}x_1+a_{22}x_2+\cdots+a_{2n}x_n=0,\\\quad\cdots\cdots\\a_{m1}x_1+a_{m2}x_2+\cdots+a_{mn}x_n=0\end{cases}$$

有解 $\beta=[b_1,b_2,\cdots,b_n]^{\mathrm{T}}$，即

$$a_{i1}b_1+a_{i2}b_2+\cdots+a_{in}b_n=0\ (i=1,2,\cdots,m),$$

记 $\boldsymbol{\alpha}_i=[a_{i1},a_{i2},\cdots,a_{in}]$ $(i=1,2,\cdots,m)$，上式即为

$$\boldsymbol{\alpha}_i\boldsymbol{\beta}=0\ (i=1,2,\cdots,m),$$

故系数矩阵 $\boldsymbol{A}$ 的行向量与 $\boldsymbol{Ax}=\boldsymbol{0}$ 的解向量正交.

例 5.8 设 $\boldsymbol{\alpha}_i=[a_{i1},a_{i2},\cdots,a_{in}]$ $(i=1,2,\cdots,m)$ 为齐次线性方程组

$$\begin{cases}a_{11}x_1+a_{12}x_2+\cdots+a_{1n}x_n=0,\\a_{21}x_1+a_{22}x_2+\cdots+a_{2n}x_n=0,\\\cdots\cdots\\a_{m1}x_1+a_{m2}x_2+\cdots+a_{mn}x_n=0\end{cases} \quad ①$$

的系数矩阵的行向量，已知方程组①有非零解 $\boldsymbol{\beta}=[b_1,b_2,\cdots,b_n]^{\mathrm{T}}$，且行向量组的秩 $r(\boldsymbol{\alpha}_1,\boldsymbol{\alpha}_2,\cdots,\boldsymbol{\alpha}_m)=m$. 证明：向量组 $\boldsymbol{\alpha}_1,\boldsymbol{\alpha}_2,\cdots,\boldsymbol{\alpha}_m,\boldsymbol{\beta}^{\mathrm{T}}$ 线性无关.

【证】设存在数 $k_0,k_1,k_2,\cdots,k_m$，使得

$$k_0\boldsymbol{\beta}^{\mathrm{T}}+k_1\boldsymbol{\alpha}_1+k_2\boldsymbol{\alpha}_2+\cdots+k_m\boldsymbol{\alpha}_m=\boldsymbol{0}, \quad ②$$

②式两端的右边乘 $\boldsymbol{\beta}$，得

$$k_0\boldsymbol{\beta}^{\mathrm{T}}\boldsymbol{\beta}+k_1\boldsymbol{\alpha}_1\boldsymbol{\beta}+k_2\boldsymbol{\alpha}_2\boldsymbol{\beta}+\cdots+k_m\boldsymbol{\alpha}_m\boldsymbol{\beta}=0. \quad ③$$

因 $\boldsymbol{\beta}$ 是方程组①的非零解，故有 $\boldsymbol{\alpha}_i\boldsymbol{\beta}=0$ $(i=1,2,\cdots,m)$，且 $\boldsymbol{\beta}^{\mathrm{T}}\boldsymbol{\beta}\neq0$，从而由③式得 $k_0\boldsymbol{\beta}^{\mathrm{T}}\boldsymbol{\beta}=0$，故 $k_0=0$.

将 $k_0=0$ 代入②式，得

$$k_1\boldsymbol{\alpha}_1+k_2\boldsymbol{\alpha}_2+\cdots+k_m\boldsymbol{\alpha}_m=\boldsymbol{0}.$$

由于 $r(\boldsymbol{\alpha}_1,\boldsymbol{\alpha}_2,\cdots,\boldsymbol{\alpha}_m)=m$，即 $\boldsymbol{\alpha}_1,\boldsymbol{\alpha}_2,\cdots,\boldsymbol{\alpha}_m$ 线性无关，故 $k_1=k_2=\cdots=k_m=0$，又 $k_0=0$，故向量组 $\boldsymbol{\alpha}_1,\boldsymbol{\alpha}_2,\cdots,\boldsymbol{\alpha}_m,\boldsymbol{\beta}^{\mathrm{T}}$ 线性无关.

三 线性方程组的几何意义（仅数学一）

设线性方程组

$$\begin{cases}a_1x+b_1y+c_1z=d_1,\\a_2x+b_2y+c_2z=d_2,\\a_3x+b_3y+c_3z=d_3.\end{cases}$$

记

$$\boldsymbol{A}=\begin{bmatrix}a_1&b_1&c_1\\a_2&b_2&c_2\\a_3&b_3&c_3\end{bmatrix},\ \overline{\boldsymbol{A}}=\begin{bmatrix}a_1&b_1&c_1&d_1\\a_2&b_2&c_2&d_2\\a_3&b_3&c_3&d_3\end{bmatrix},$$

表达平面 Π_i 的方向；表达确定方向后 Π_i 的位置

且 Π_i $(i=1,2,3)$ 表示第 i 张平面：$a_ix+b_iy+c_iz=d_i$，$\boldsymbol{\alpha}_i$ $(i=1,2,3)$ 表示第 i 张平面的法向量 $[a_i,b_i,c_i]$，即 $\boldsymbol{A}$ 的行向量，$\boldsymbol{\beta}_i$ $(i=1,2,3)$ 表示 $[a_i,b_i,c_i,d_i]$，即 $\overline{\boldsymbol{A}}$ 的行向量.

【注】以下 $i \neq j$.

① $\boldsymbol{\alpha}_i$ 与 $\boldsymbol{\alpha}_j$ 线性相关 $\Leftrightarrow \Pi_i$ 与 Π_j 平行或重合 .

② $\boldsymbol{\alpha}_i$ 与 $\boldsymbol{\alpha}_j$ 线性无关 $\Leftrightarrow \Pi_i$ 与 Π_j 相交 .

③ $\boldsymbol{\beta}_i$ 与 $\boldsymbol{\beta}_j$ 线性相关 $\Leftrightarrow \Pi_i$ 与 Π_j 重合 .

如 $\Pi_1: x+y+z=1$，$\Pi_2: 2x+2y+2z=2$，其中

$$\boldsymbol{\beta}_1=[1, 1, 1, 1], \boldsymbol{\beta}_2=[2, 2, 2, 2],$$

$\boldsymbol{\beta}_1$ 与 $\boldsymbol{\beta}_2$ 线性相关，故 Π_1 与 Π_2 重合 .

④ $\boldsymbol{\beta}_i$ 与 $\boldsymbol{\beta}_j$ 线性无关 $\Leftrightarrow \Pi_i$ 与 Π_j 不重合 .

如 $\Pi_1: x+y+z=0$，$\Pi_2: x+y+z=1$，其中

$$\boldsymbol{\beta}_1=[1, 1, 1, 0], \boldsymbol{\beta}_2=[1, 1, 1, 1],$$

$\boldsymbol{\beta}_1$ 与 $\boldsymbol{\beta}_2$ 线性无关，故 Π_1 与 Π_2 不重合 .

于是可按不同情形列表 5-1 和表 5-2.

表 5-1　方程组有解的情形

图形	几何意义	代数表达
	三张平面相交于一点	$r(\boldsymbol{A})=r(\overline{\boldsymbol{A}})=3$
	三张平面相交于一条直线	$r(\boldsymbol{A})=r(\overline{\boldsymbol{A}})=2$， 且 $\boldsymbol{\beta}_1$，$\boldsymbol{\beta}_2$，$\boldsymbol{\beta}_3$ 中任意两个向量都线性无关 任何两个面都不重合
	两张平面重合，第三张平面与之相交	$r(\boldsymbol{A})=r(\overline{\boldsymbol{A}})=2$， 且 $\boldsymbol{\beta}_1$，$\boldsymbol{\beta}_2$，$\boldsymbol{\beta}_3$ 中有两个向量线性相关 存在两个面重合
	三张平面重合	$r(\boldsymbol{A})=r(\overline{\boldsymbol{A}})=1$

表 5-2 方程组无解的情形

图形	几何意义	代数表达
	三张平面两两相交，且交线相互平行	$r(\boldsymbol{A})=2$，$r(\overline{\boldsymbol{A}})=3$，且 $\boldsymbol{\alpha}_1$，$\boldsymbol{\alpha}_2$，$\boldsymbol{\alpha}_3$ 中任意两个向量都线性无关（任何两个面都相交）
	两张平面平行，第三张平面与它们相交	$r(\boldsymbol{A})=2$，$r(\overline{\boldsymbol{A}})=3$，（存在两个面平行但不重合）且 $\boldsymbol{\alpha}_1$，$\boldsymbol{\alpha}_2$，$\boldsymbol{\alpha}_3$ 中有两个向量线性相关
	三张平面相互平行但不重合	$r(\boldsymbol{A})=1$，$r(\overline{\boldsymbol{A}})=2$，且 $\boldsymbol{\beta}_1$，$\boldsymbol{\beta}_2$，$\boldsymbol{\beta}_3$ 中任意两个向量都线性无关（任何两个面都不重合）
	两张平面重合，第三张平面与它们平行但不重合	$r(\boldsymbol{A})=1$，$r(\overline{\boldsymbol{A}})=2$，且 $\boldsymbol{\beta}_1$，$\boldsymbol{\beta}_2$，$\boldsymbol{\beta}_3$ 中有两个向量线性相关（存在两个面重合）

例 5.9 如图所示，有三张平面两两相交，交线相互平行，它们的方程

$$a_{i1}x+a_{i2}y+a_{i3}z=d_i\ (i=1,\ 2,\ 3)$$

组成的线性方程组的系数矩阵和增广矩阵分别记为 $\boldsymbol{A}$，$\overline{\boldsymbol{A}}$，则（　　）.

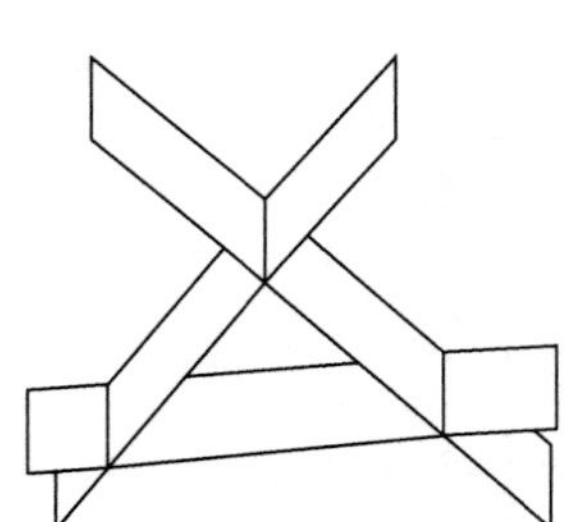

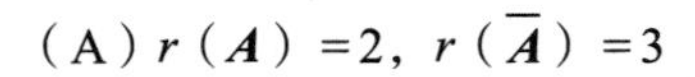

（A）$r(\boldsymbol{A})=2$，$r(\overline{\boldsymbol{A}})=3$

（B）$r(\boldsymbol{A})=2$，$r(\overline{\boldsymbol{A}})=2$

（C）$r(\boldsymbol{A})=1$，$r(\overline{\boldsymbol{A}})=2$

（D）$r(\boldsymbol{A})=1$，$r(\overline{\boldsymbol{A}})=1$

【解】应选（A）.

根据表 5-2 中第一种情形，知 $r(\boldsymbol{A})=2$，$r(\overline{\boldsymbol{A}})=3$，故选（A）.

【注】此题是 2019 年数学一考研真题，所给选项只讨论了 $r(\boldsymbol{A})$ 与 $r(\overline{\boldsymbol{A}})$，事实上，在表 5-2 中第二种情形亦是 $r(\boldsymbol{A})=2$，$r(\overline{\boldsymbol{A}})=3$，故还可考更为细致的问题.

例 5.10 如图所示，有三张平面，其中有两张平面平行，第三张平面与它们相交，其方程

$$a_{i1}x+a_{i2}y+a_{i3}z=d_i\ (i=1,\ 2,\ 3)$$

组成的线性方程组的系数矩阵和增广矩阵分别记为 $\boldsymbol{A}$，$\overline{\boldsymbol{A}}$，$\boldsymbol{\alpha}_i=[a_{i1},\ a_{i2},\ a_{i3}]$，$i=1,\ 2,\ 3$，$j=1,\ 2,\ 3$，则（　　）.

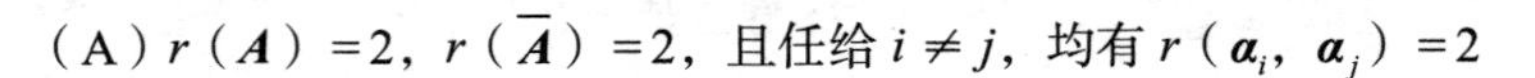

(A) $r(\boldsymbol{A})=2$，$r(\overline{\boldsymbol{A}})=2$，且任给 $i\neq j$，均有 $r(\boldsymbol{\alpha}_i,\ \boldsymbol{\alpha}_j)=2$

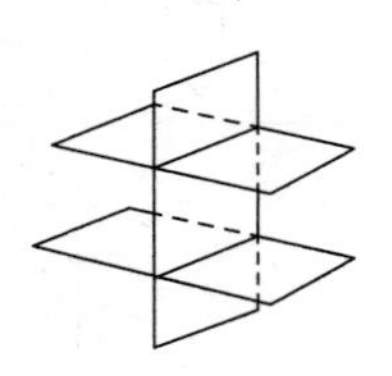

(B) $r(\boldsymbol{A})=2$，$r(\overline{\boldsymbol{A}})=2$，且存在 $i\neq j$，使得 $r(\boldsymbol{\alpha}_i,\ \boldsymbol{\alpha}_j)=1$

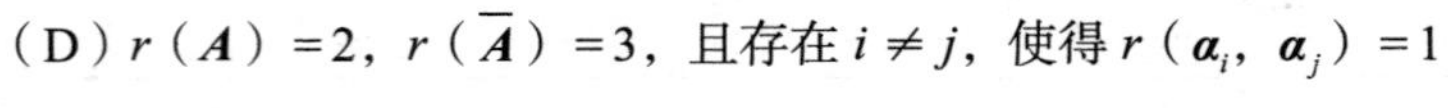

(C) $r(\boldsymbol{A})=2$，$r(\overline{\boldsymbol{A}})=3$，且任给 $i\neq j$，均有 $r(\boldsymbol{\alpha}_i,\ \boldsymbol{\alpha}_j)=2$

(D) $r(\boldsymbol{A})=2$，$r(\overline{\boldsymbol{A}})=3$，且存在 $i\neq j$，使得 $r(\boldsymbol{\alpha}_i,\ \boldsymbol{\alpha}_j)=1$

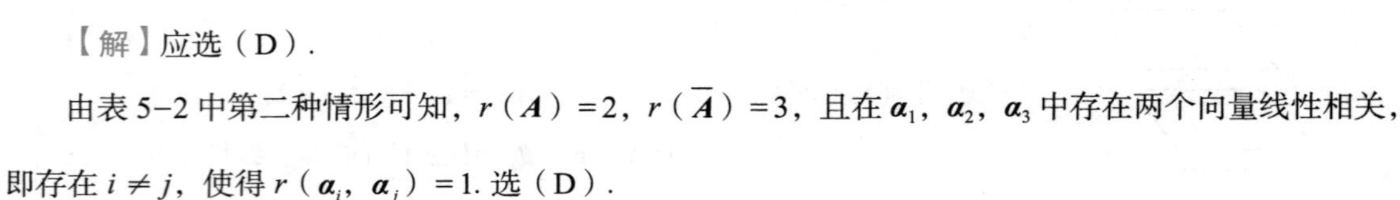

【解】应选（D）.

由表 5-2 中第二种情形可知，$r(\boldsymbol{A})=2$，$r(\overline{\boldsymbol{A}})=3$，且在 $\boldsymbol{\alpha}_1$，$\boldsymbol{\alpha}_2$，$\boldsymbol{\alpha}_3$ 中存在两个向量线性相关，即存在 $i\neq j$，使得 $r(\boldsymbol{\alpha}_i,\ \boldsymbol{\alpha}_j)=1$. 选（D）.

第6讲 向量组

知识结构

- 定义与定理
  - 定义
    - n维向量 — $\boldsymbol{\alpha}=[a_1, a_2, \cdots, a_n]^{\mathrm{T}}$
    - 线性组合 — $k_1\boldsymbol{\alpha}_1+k_2\boldsymbol{\alpha}_2+\cdots+k_m\boldsymbol{\alpha}_m$
    - 线性表示 — $\boldsymbol{\beta}=k_1\boldsymbol{\alpha}_1+k_2\boldsymbol{\alpha}_2+\cdots+k_m\boldsymbol{\alpha}_m$
    - 线性相关 — 存在一组不全为零的数k_1，k_2，…，k_m，使得$k_1\boldsymbol{\alpha}_1+k_2\boldsymbol{\alpha}_2+\cdots+k_m\boldsymbol{\alpha}_m=\mathbf{0}$
    - 线性无关 — 仅当$k_1=k_2=\cdots=k_m=0$时，才有$k_1\boldsymbol{\alpha}_1+k_2\boldsymbol{\alpha}_2+\cdots+k_m\boldsymbol{\alpha}_m=\mathbf{0}$成立
  - 判别线性相关性的八大定理
    - 定理1 — 向量组$\boldsymbol{\alpha}_1$，$\boldsymbol{\alpha}_2$，…，$\boldsymbol{\alpha}_n$（$n\geqslant 2$）线性相关的充要条件是向量组中至少有一个向量可由其余的$n-1$个向量线性表示
    - 定理2 — 若向量组$\boldsymbol{\alpha}_1$，$\boldsymbol{\alpha}_2$，…，$\boldsymbol{\alpha}_n$线性无关，而$\boldsymbol{\beta}$，$\boldsymbol{\alpha}_1$，$\boldsymbol{\alpha}_2$，…，$\boldsymbol{\alpha}_n$线性相关，则$\boldsymbol{\beta}$可由$\boldsymbol{\alpha}_1$，$\boldsymbol{\alpha}_2$，…，$\boldsymbol{\alpha}_n$线性表示，且表示方法唯一
    - 定理3 — 如果向量组$\boldsymbol{\beta}_1$，$\boldsymbol{\beta}_2$，…，$\boldsymbol{\beta}_t$可由向量组$\boldsymbol{\alpha}_1$，$\boldsymbol{\alpha}_2$，…，$\boldsymbol{\alpha}_s$线性表示，且$t>s$，则$\boldsymbol{\beta}_1$，$\boldsymbol{\beta}_2$，…，$\boldsymbol{\beta}_t$线性相关（以少表多，多的相关）
    - 定理4 — 设向量组$\boldsymbol{\beta}_1$，$\boldsymbol{\beta}_2$，…，$\boldsymbol{\beta}_t$能由向量组$\boldsymbol{\alpha}_1$，$\boldsymbol{\alpha}_2$，…，$\boldsymbol{\alpha}_s$线性表示，则$r(\boldsymbol{\beta}_1, \boldsymbol{\beta}_2, \cdots, \boldsymbol{\beta}_t)\leqslant r(\boldsymbol{\alpha}_1, \boldsymbol{\alpha}_2, \cdots, \boldsymbol{\alpha}_s)$（两向量组中被表示的秩不大）
    - 定理5 — 向量组$\boldsymbol{\alpha}_1$，$\boldsymbol{\alpha}_2$，…，$\boldsymbol{\alpha}_m$线性相关
      $\Leftrightarrow$齐次线性方程组$[\boldsymbol{\alpha}_1, \boldsymbol{\alpha}_2, \cdots, \boldsymbol{\alpha}_m]\boldsymbol{x}=\mathbf{0}$有非零解
      $\Leftrightarrow r(\boldsymbol{\alpha}_1, \boldsymbol{\alpha}_2, \cdots, \boldsymbol{\alpha}_m)<m$
    - 定理6 — 向量$\boldsymbol{\beta}$可由向量组$\boldsymbol{\alpha}_1$，$\boldsymbol{\alpha}_2$，…，$\boldsymbol{\alpha}_s$线性表示
      $\Leftrightarrow$非齐次线性方程组$x_1\boldsymbol{\alpha}_1+x_2\boldsymbol{\alpha}_2+\cdots+x_s\boldsymbol{\alpha}_s=\boldsymbol{\beta}$有解
      $\Leftrightarrow r(\boldsymbol{\alpha}_1, \boldsymbol{\alpha}_2, \cdots, \boldsymbol{\alpha}_s)=r(\boldsymbol{\alpha}_1, \boldsymbol{\alpha}_2, \cdots, \boldsymbol{\alpha}_s, \boldsymbol{\beta})$
      （向量$\boldsymbol{\beta}$不能由向量组$\boldsymbol{\alpha}_1$，$\boldsymbol{\alpha}_2$，…，$\boldsymbol{\alpha}_s$线性表示$\Leftrightarrow \boldsymbol{A}\boldsymbol{x}=\boldsymbol{\beta}$无解$\Leftrightarrow r(\boldsymbol{A})\neq r([\boldsymbol{A}, \boldsymbol{\beta}])$）
    - 定理7 — 如果向量组$\boldsymbol{\alpha}_1$，$\boldsymbol{\alpha}_2$，…，$\boldsymbol{\alpha}_m$中有一部分向量组线性相关，则整个向量组也线性相关
    - 定理8 — 如果n维向量组$\boldsymbol{\alpha}_1$，$\boldsymbol{\alpha}_2$，…，$\boldsymbol{\alpha}_s$线性无关，那么把这些向量对应相同位置各任意添加m个分量所得到的新向量（$n+m$维）组$\boldsymbol{\alpha}_1^*$，$\boldsymbol{\alpha}_2^*$，…，$\boldsymbol{\alpha}_s^*$也线性无关；如果$\boldsymbol{\alpha}_1$，$\boldsymbol{\alpha}_2$，…，$\boldsymbol{\alpha}_s$线性相关，那么它们各去掉相同位置的若干个分量所得到的新向量组也线性相关

- 具体型向量关系
  - β 与 $\alpha_1, \alpha_2, \cdots, \alpha_n$
    - 建立方程组 —— $[\alpha_1, \alpha_2, \cdots, \alpha_n]\begin{bmatrix} x_1 \\ x_2 \\ \vdots \\ x_n \end{bmatrix}=\beta$
    - 化阶梯形 —— $[A \mid \beta]=[\alpha_1, \alpha_2, \cdots, \alpha_n \mid \beta] \xrightarrow{\text{初等行变换}} [\text{阶梯形} \mid \square]$
    - 讨论
      - $r(A) \neq r([A, \beta]) \Leftrightarrow$ 无解 $\Leftrightarrow$ 不能表示
      - $r(A)=r([A, \beta])=n \Leftrightarrow$ 唯一解 $\Leftrightarrow$ 唯一一种表示法
      - $r(A)=r([A, \beta])<n \Leftrightarrow$ 无穷多解 $\Leftrightarrow$ 无穷多种表示法
  - $\alpha_1, \alpha_2, \cdots, \alpha_n$
    - 向量个数大于维数 —— 必线性相关
    - 向量个数等于维数
      - $|\alpha_1, \alpha_2, \cdots, \alpha_n|=0 \Leftrightarrow$ 线性相关
      - $|\alpha_1, \alpha_2, \cdots, \alpha_n| \neq 0 \Leftrightarrow$ 线性无关
    - 向量个数小于维数
      - $r(A)<n \Leftrightarrow$ 线性相关
      - $r(A)=n \Leftrightarrow$ 线性无关
      - 若线性相关，问 α_s 与 $\alpha_1, \cdots, \alpha_{s-1}, \alpha_{s+1}, \cdots, \alpha_n$ 的表示关系
  - 求极大线性无关组
    - 定义
      - ①线性无关
      - ②向量组中任一向量均可由它线性表示
    - 求法
      - 构造 $A=[\alpha_1, \alpha_2, \cdots, \alpha_n]$
      - $A \xrightarrow{\text{初等行变换}} B$（阶梯形）
      - 算出台阶数 r，按列找出一个秩为 r 的子矩阵即可
- 抽象型向量关系
  - 定义法
    - 写定义式 $k_1\alpha_1+k_2\alpha_2+\cdots+k_n\alpha_n=\mathbf{0}$
    - 考查 $k_1=k_2=\cdots=k_n=0$ 是否成立
  - 用秩 —— 秩的公式见第 4 讲
- 向量组等价 —— 向量组（Ⅰ）：$\alpha_1, \alpha_2, \cdots, \alpha_s$ 与向量组（Ⅱ）：$\beta_1, \beta_2, \cdots, \beta_t$ 等价
  - $\Leftrightarrow r(\text{Ⅰ})=r(\text{Ⅱ})$，且可单方向表示
  - $\Leftrightarrow r(\text{Ⅰ})=r(\text{Ⅱ})=r(\text{Ⅰ}, \text{Ⅱ})$
- 向量空间（仅数学一）
  - 概念
    - 基
    - 维数
    - 坐标
  - 过渡矩阵 —— $[\eta_1, \eta_2, \cdots, \eta_n]=[\xi_1, \xi_2, \cdots, \xi_n]C$
  - 坐标变换 —— $\alpha=[\xi_1, \xi_2, \cdots, \xi_n]x=[\eta_1, \eta_2, \cdots, \eta_n]y=[\xi_1, \xi_2, \cdots, \xi_n]Cy$

1. 定义

①**n 维向量** n 个数构成的一个有序数组$[a_1, a_2, \cdots, a_n]^{\mathrm{T}}$称为一个 n 维向量，记成 $\boldsymbol{\alpha}=[a_1, a_2, \cdots, a_n]^{\mathrm{T}}$，并称 $\boldsymbol{\alpha}$ 为 n 维列向量，$\boldsymbol{\alpha}^{\mathrm{T}}=[a_1, a_2, \cdots, a_n]$称为 n 维行向量，其中 a_i（$i=1, 2, \cdots, n$）称为向量 $\boldsymbol{\alpha}$（或 $\boldsymbol{\alpha}^{\mathrm{T}}$）的第 i 个分量．

②**线性组合** 设有 m 个 n 维向量 $\boldsymbol{\alpha}_1$，$\boldsymbol{\alpha}_2$，$\cdots$，$\boldsymbol{\alpha}_m$ 及 m 个数 k_1，k_2，$\cdots$，k_m，则向量

$$k_1\boldsymbol{\alpha}_1+k_2\boldsymbol{\alpha}_2+\cdots+k_m\boldsymbol{\alpha}_m$$

称为向量组 $\boldsymbol{\alpha}_1$，$\boldsymbol{\alpha}_2$，$\cdots$，$\boldsymbol{\alpha}_m$ 的线性组合．

③**线性表示** 若向量 $\boldsymbol{\beta}$ 能表示成向量组 $\boldsymbol{\alpha}_1$，$\boldsymbol{\alpha}_2$，$\cdots$，$\boldsymbol{\alpha}_m$ 的线性组合，即存在 m 个数 k_1，k_2，$\cdots$，k_m，使得

$$\boldsymbol{\beta}=k_1\boldsymbol{\alpha}_1+k_2\boldsymbol{\alpha}_2+\cdots+k_m\boldsymbol{\alpha}_m,$$

则称向量 $\boldsymbol{\beta}$ 能被向量组 $\boldsymbol{\alpha}_1$，$\boldsymbol{\alpha}_2$，$\cdots$，$\boldsymbol{\alpha}_m$ 线性表示．

④**线性相关** 对于向量组 $\boldsymbol{\alpha}_1$，$\boldsymbol{\alpha}_2$，$\cdots$，$\boldsymbol{\alpha}_m$，若存在一组不全为零的数 k_1，k_2，$\cdots$，k_m，使得线性组合

$$k_1\boldsymbol{\alpha}_1+k_2\boldsymbol{\alpha}_2+\cdots+k_m\boldsymbol{\alpha}_m=\mathbf{0},$$

则称向量组 $\boldsymbol{\alpha}_1$，$\boldsymbol{\alpha}_2$，$\cdots$，$\boldsymbol{\alpha}_m$ 线性相关．

【注】含有零向量或含有成比例的向量的向量组必线性相关．

⑤**线性无关** 若不存在不全为零的数 k_1，k_2，$\cdots$，k_m，使得 $k_1\boldsymbol{\alpha}_1+k_2\boldsymbol{\alpha}_2+\cdots+k_m\boldsymbol{\alpha}_m=\mathbf{0}$ 成立，则称 $\boldsymbol{\alpha}_1$，$\boldsymbol{\alpha}_2$，$\cdots$，$\boldsymbol{\alpha}_m$ 线性无关，即只有当 $k_1=k_2=\cdots=k_m=0$ 时，才有 $k_1\boldsymbol{\alpha}_1+k_2\boldsymbol{\alpha}_2+\cdots+k_m\boldsymbol{\alpha}_m=\mathbf{0}$ 成立，则称 $\boldsymbol{\alpha}_1$，$\boldsymbol{\alpha}_2$，$\cdots$，$\boldsymbol{\alpha}_m$ 线性无关．

【注】单个非零向量，两个不成比例的向量均线性无关．

2. 判别线性相关性的八大定理

定理 1 向量组 $\boldsymbol{\alpha}_1$，$\boldsymbol{\alpha}_2$，$\cdots$，$\boldsymbol{\alpha}_n$（$n\geqslant 2$）线性相关的充要条件是向量组中至少有一个向量可由其余的 $n-1$ 个向量线性表示．

其等价命题：向量组 $\boldsymbol{\alpha}_1$，$\boldsymbol{\alpha}_2$，$\cdots$，$\boldsymbol{\alpha}_n$（$n\geqslant 2$）线性无关的充要条件是 $\boldsymbol{\alpha}_1$，$\boldsymbol{\alpha}_2$，$\cdots$，$\boldsymbol{\alpha}_n$ 中任一向量都不能由其余的 $n-1$ 个向量线性表示．

定理 2 若向量组 $\boldsymbol{\alpha}_1$，$\boldsymbol{\alpha}_2$，$\cdots$，$\boldsymbol{\alpha}_n$ 线性无关，而 $\boldsymbol{\beta}$，$\boldsymbol{\alpha}_1$，$\boldsymbol{\alpha}_2$，$\cdots$，$\boldsymbol{\alpha}_n$ 线性相关，则 $\boldsymbol{\beta}$ 可由 $\boldsymbol{\alpha}_1$，$\boldsymbol{\alpha}_2$，$\cdots$，$\boldsymbol{\alpha}_n$ 线性表示，且表示方法唯一．

定理 3 如果向量组 $\boldsymbol{\beta}_1$，$\boldsymbol{\beta}_2$，$\cdots$，$\boldsymbol{\beta}_t$ 可由向量组 $\boldsymbol{\alpha}_1$，$\boldsymbol{\alpha}_2$，$\cdots$，$\boldsymbol{\alpha}_s$ 线性表示，且 $t>s$，则 $\boldsymbol{\beta}_1$，

$\boldsymbol{\beta}_2$，…，$\boldsymbol{\beta}_t$ 线性相关 .（此定理可简单表述为以少表多，多的相关 .）

其等价命题：如果向量组 $\boldsymbol{\beta}_1$，$\boldsymbol{\beta}_2$，…，$\boldsymbol{\beta}_t$ 可由向量组 $\boldsymbol{\alpha}_1$，$\boldsymbol{\alpha}_2$，…，$\boldsymbol{\alpha}_s$ 线性表示，且 $\boldsymbol{\beta}_1$，$\boldsymbol{\beta}_2$，…，$\boldsymbol{\beta}_t$ 线性无关，则 $t \leqslant s$.

定理 4 设向量组 $\boldsymbol{\beta}_1$，$\boldsymbol{\beta}_2$，…，$\boldsymbol{\beta}_t$ 能由向量组 $\boldsymbol{\alpha}_1$，$\boldsymbol{\alpha}_2$，…，$\boldsymbol{\alpha}_s$ 线性表示，则 $r(\boldsymbol{\beta}_1, \boldsymbol{\beta}_2, \cdots, \boldsymbol{\beta}_t) \leqslant r(\boldsymbol{\alpha}_1, \boldsymbol{\alpha}_2, \cdots, \boldsymbol{\alpha}_s)$.（此定理可简单表述为两向量组中被表示的向量组的秩不大 .）

定理 5 设 m 个 n 维向量 $\boldsymbol{\alpha}_1$，$\boldsymbol{\alpha}_2$，…，$\boldsymbol{\alpha}_m$，其中

$$\boldsymbol{\alpha}_1 = [a_{11}, a_{21}, \cdots, a_{n1}]^{\mathrm{T}},$$

$$\boldsymbol{\alpha}_2 = [a_{12}, a_{22}, \cdots, a_{n2}]^{\mathrm{T}},$$

$$\cdots\cdots$$

$$\boldsymbol{\alpha}_m = [a_{1m}, a_{2m}, \cdots, a_{nm}]^{\mathrm{T}}.$$

向量组 $\boldsymbol{\alpha}_1$，$\boldsymbol{\alpha}_2$，…，$\boldsymbol{\alpha}_m$ 线性相关 $\Leftrightarrow$ 齐次线性方程组

$$[\boldsymbol{\alpha}_1, \boldsymbol{\alpha}_2, \cdots, \boldsymbol{\alpha}_m]\boldsymbol{x} = \boldsymbol{0} \tag{*}$$

有非零解 $\Leftrightarrow r(\boldsymbol{\alpha}_1, \boldsymbol{\alpha}_2, \cdots, \boldsymbol{\alpha}_m) < m$.

其等价命题：$\boldsymbol{\alpha}_1$，$\boldsymbol{\alpha}_2$，…，$\boldsymbol{\alpha}_m$ 线性无关的充分必要条件是齐次线性方程组（*）只有零解 .

【注】（1）如果 $n<m$，即方程个数小于未知数个数，则齐次线性方程组（*）求解时必有自由未知量，即必有非零解 . 因此，任何 $n+1$ 个 n 维向量都是线性相关的 . 所以在 n 维空间中，任何一个线性无关的向量组最多只能含 n 个向量 .

（2）n 个 n 维列向量 $\boldsymbol{\alpha}_1$，$\boldsymbol{\alpha}_2$，…，$\boldsymbol{\alpha}_n$ 线性相关 $\Leftrightarrow |\boldsymbol{A}| = |\boldsymbol{\alpha}_1, \boldsymbol{\alpha}_2, \cdots, \boldsymbol{\alpha}_n| = 0 \Leftrightarrow \boldsymbol{Ax} = \boldsymbol{0}$ 有非零解 .

（线性无关 $\Leftrightarrow |\boldsymbol{A}| \neq 0 \Leftrightarrow \boldsymbol{Ax} = \boldsymbol{0}$ 只有零解）

定理 6 向量 $\boldsymbol{\beta}$ 可由向量组 $\boldsymbol{\alpha}_1$，$\boldsymbol{\alpha}_2$，…，$\boldsymbol{\alpha}_s$ 线性表示

$\Leftrightarrow$ 非齐次线性方程组 $[\boldsymbol{\alpha}_1, \boldsymbol{\alpha}_2, \cdots, \boldsymbol{\alpha}_s]\begin{bmatrix} x_1 \\ x_2 \\ \vdots \\ x_s \end{bmatrix} = x_1\boldsymbol{\alpha}_1 + x_2\boldsymbol{\alpha}_2 + \cdots + x_s\boldsymbol{\alpha}_s = \boldsymbol{\beta}$ 有解

$\Leftrightarrow r(\boldsymbol{\alpha}_1, \boldsymbol{\alpha}_2, \cdots, \boldsymbol{\alpha}_s) = r(\boldsymbol{\alpha}_1, \boldsymbol{\alpha}_2, \cdots, \boldsymbol{\alpha}_s, \boldsymbol{\beta})$.

其等价命题：向量 $\boldsymbol{\beta}$ 不能由向量组 $\boldsymbol{\alpha}_1$，$\boldsymbol{\alpha}_2$，…，$\boldsymbol{\alpha}_s$ 线性表示 $\Leftrightarrow \boldsymbol{Ax} = \boldsymbol{\beta}$ 无解 $\Leftrightarrow r(\boldsymbol{A}) \neq r([\boldsymbol{A}, \boldsymbol{\beta}])$.

定理 7 如果向量组 $\boldsymbol{\alpha}_1$，$\boldsymbol{\alpha}_2$，…，$\boldsymbol{\alpha}_m$ 中有一部分向量组线性相关，则整个向量组也线性相关 .

其等价命题：如果 $\boldsymbol{\alpha}_1$，$\boldsymbol{\alpha}_2$，…，$\boldsymbol{\alpha}_m$ 线性无关，则其任一部分向量组线性无关 .

定理 8 如果 n 维向量组 $\boldsymbol{\alpha}_1$，$\boldsymbol{\alpha}_2$，…，$\boldsymbol{\alpha}_s$ 线性无关，那么把这些向量对应相同位置各任意添加 m 个分量所得到的新向量（$n+m$ 维）组 $\boldsymbol{\alpha}_1^*$，$\boldsymbol{\alpha}_2^*$，…，$\boldsymbol{\alpha}_s^*$ 也线性无关；如果 $\boldsymbol{\alpha}_1$，$\boldsymbol{\alpha}_2$，…，$\boldsymbol{\alpha}_s$ 线性相关，那么它们各去掉相同位置的若干个分量所得到的新向量组也线性相关 .

定理7和定理8可简单记为
部分相关，整体相关；
整体无关，部分无关；
原来无关，延长无关；
原来相关，缩短相关

二 具体型向量关系

1. $\boldsymbol{\beta}$ 与 $\boldsymbol{\alpha}_1$，$\boldsymbol{\alpha}_2$，…，$\boldsymbol{\alpha}_n$

（1）建立方程组 $[\boldsymbol{\alpha}_1, \boldsymbol{\alpha}_2, \cdots, \boldsymbol{\alpha}_n]\begin{bmatrix} x_1 \\ x_2 \\ \vdots \\ x_n \end{bmatrix} = \boldsymbol{\beta}$.

（2）化阶梯形 $[\boldsymbol{A} \mid \boldsymbol{\beta}] = [\boldsymbol{\alpha}_1, \boldsymbol{\alpha}_2, \cdots, \boldsymbol{\alpha}_n \mid \boldsymbol{\beta}] \xrightarrow{\text{初等行变换}} [\,⅂\,\vdots\,\square\,]$.

（3）讨论.

① $r(\boldsymbol{A}) \neq r([\boldsymbol{A}, \boldsymbol{\beta}]) \Leftrightarrow$ 无解 $\Leftrightarrow$ 不能表示.

② $r(\boldsymbol{A}) = r([\boldsymbol{A}, \boldsymbol{\beta}]) = n \Leftrightarrow$ 唯一解 $\Leftrightarrow$ 唯一一种表示法.

③ $r(\boldsymbol{A}) = r([\boldsymbol{A}, \boldsymbol{\beta}]) < n \Leftrightarrow$ 无穷多解 $\Leftrightarrow$ 无穷多种表示法.

【注】含未知参数是常考题型.

例 6.1 已知 $\boldsymbol{\alpha}_1 = [1, -1, 1]^{\mathrm{T}}$，$\boldsymbol{\alpha}_2 = [1, a, -1]^{\mathrm{T}}$，$\boldsymbol{\alpha}_3 = [a, 1, 2]^{\mathrm{T}}$，$\boldsymbol{\beta} = [4, a^2, -4]^{\mathrm{T}}$，若 $\boldsymbol{\beta}$ 可由 $\boldsymbol{\alpha}_1$，$\boldsymbol{\alpha}_2$，$\boldsymbol{\alpha}_3$ 线性表示，且表示法不唯一.

（1）求 a 的值；

（2）求 $\boldsymbol{\beta}$ 由 $\boldsymbol{\alpha}_1$，$\boldsymbol{\alpha}_2$，$\boldsymbol{\alpha}_3$ 线性表示的表达式.

【解】设 $x_1\boldsymbol{\alpha}_1 + x_2\boldsymbol{\alpha}_2 + x_3\boldsymbol{\alpha}_3 = \boldsymbol{\beta}$，即

$$\begin{cases} x_1 + x_2 + ax_3 = 4, \\ -x_1 + ax_2 + x_3 = a^2, \\ x_1 - x_2 + 2x_3 = -4. \end{cases} \tag{*}$$

$$[\boldsymbol{A} \mid \boldsymbol{\beta}] = \left[\begin{array}{ccc|c} 1 & 1 & a & 4 \\ -1 & a & 1 & a^2 \\ 1 & -1 & 2 & -4 \end{array}\right] \xrightarrow{\text{互换}} \left[\begin{array}{ccc|c} 1 & -1 & 2 & -4 \\ -1 & a & 1 & a^2 \\ 1 & 1 & a & 4 \end{array}\right] \xrightarrow[\text{互换}]{(-1)\text{倍加至}} \left[\begin{array}{ccc|c} 1 & -1 & 2 & -4 \\ 1 & 1 & a & 4 \\ -1 & a & 1 & a^2 \end{array}\right] \text{1倍加至}$$

$$\to \left[\begin{array}{ccc|c} 1 & -1 & 2 & -4 \\ 0 & 2 & a-2 & 8 \\ 0 & a-1 & 3 & a^2-4 \end{array}\right] \xrightarrow{\times 2} \left[\begin{array}{ccc|c} 1 & -1 & 2 & -4 \\ 0 & 2 & a-2 & 8 \\ 0 & 2(a-1) & 6 & 2a^2-8 \end{array}\right] (1-a)\text{倍加至}$$

$$\to \left[\begin{array}{ccc|c} 1 & -1 & 2 & -4 \\ 0 & 2 & a-2 & 8 \\ 0 & 0 & (a+1)(4-a) & 2a(a-4) \end{array}\right].$$

（1）由题设，知 $r(\boldsymbol{A}) = r([\boldsymbol{A}, \boldsymbol{\beta}]) < 3$，从而 $a = 4$.

（2）结合（1），有

$$[\boldsymbol{A} \mid \boldsymbol{\beta}] \to \begin{bmatrix} 1 & -1 & 2 & -4 \\ 0 & 2 & 2 & 8 \\ 0 & 0 & 0 & 0 \end{bmatrix} \xrightarrow{\times\frac{1}{2}} \begin{bmatrix} 1 & -1 & 2 & -4 \\ 0 & 1 & 1 & 4 \\ 0 & 0 & 0 & 0 \end{bmatrix} \to \begin{bmatrix} 1 & 0 & 3 & 0 \\ 0 & 1 & 1 & 4 \\ 0 & 0 & 0 & 0 \end{bmatrix},$$

（1倍加至）

方程组（*）的通解为$\begin{bmatrix} x_1 \\ x_2 \\ x_3 \end{bmatrix} = k\begin{bmatrix} -3 \\ -1 \\ 1 \end{bmatrix} + \begin{bmatrix} 0 \\ 4 \\ 0 \end{bmatrix}$，$k$ 为任意常数．所以

$$\boldsymbol{\beta} = -3k\boldsymbol{\alpha}_1 + (4-k)\boldsymbol{\alpha}_2 + k\boldsymbol{\alpha}_3，k \text{ 为任意常数}.$$

2.$\alpha_1, \alpha_2, \cdots, \alpha_n$

（1）若向量个数大于维数，则必线性相关．

（2）若向量个数等于维数，则可用行列式讨论．

$|\boldsymbol{\alpha}_1, \boldsymbol{\alpha}_2, \cdots, \boldsymbol{\alpha}_n| = 0 \Leftrightarrow$ 线性相关；

$|\boldsymbol{\alpha}_1, \boldsymbol{\alpha}_2, \cdots, \boldsymbol{\alpha}_n| \neq 0 \Leftrightarrow$ 线性无关．

（3）若向量个数小于维数，则化阶梯形 $\boldsymbol{A} = [\boldsymbol{\alpha}_1, \boldsymbol{\alpha}_2, \cdots, \boldsymbol{\alpha}_n] \xrightarrow{\text{初等行变换}} [\ \text{阶梯形}\ ]$．

① $r(\boldsymbol{A}) < n \Leftrightarrow$ 线性相关．

② $r(\boldsymbol{A}) = n \Leftrightarrow$ 线性无关．

③若线性相关，问 $\boldsymbol{\alpha}_s$ 与 $\boldsymbol{\alpha}_1, \cdots, \boldsymbol{\alpha}_{s-1}, \boldsymbol{\alpha}_{s+1}, \cdots, \boldsymbol{\alpha}_n$ 的表示关系，回到“1”即可．

【注】含未知参数是常考题型．

例 6.2 已知 3 维列向量组 $\boldsymbol{\alpha}_1, \boldsymbol{\alpha}_2, \boldsymbol{\alpha}_3$ 线性无关，则向量组 $\boldsymbol{\alpha}_1-\boldsymbol{\alpha}_2, \boldsymbol{\alpha}_2-k\boldsymbol{\alpha}_3, \boldsymbol{\alpha}_3-\boldsymbol{\alpha}_1$ 也线性无关的充要条件是________．

【解】应填 $k \neq 1$.

$$[\boldsymbol{\alpha}_1-\boldsymbol{\alpha}_2, \boldsymbol{\alpha}_2-k\boldsymbol{\alpha}_3, \boldsymbol{\alpha}_3-\boldsymbol{\alpha}_1] = [\boldsymbol{\alpha}_1, \boldsymbol{\alpha}_2, \boldsymbol{\alpha}_3]\begin{bmatrix} 1 & 0 & -1 \\ -1 & 1 & 0 \\ 0 & -k & 1 \end{bmatrix}.$$

因 $\boldsymbol{\alpha}_1, \boldsymbol{\alpha}_2, \boldsymbol{\alpha}_3$ 线性无关，故 $\boldsymbol{\alpha}_1-\boldsymbol{\alpha}_2, \boldsymbol{\alpha}_2-k\boldsymbol{\alpha}_3, \boldsymbol{\alpha}_3-\boldsymbol{\alpha}_1$ 线性无关的充要条件是

$$\begin{vmatrix} 1 & 0 & -1 \\ -1 & 1 & 0 \\ 0 & -k & 1 \end{vmatrix} = 1-k \neq 0，\text{即 } k \neq 1.$$

例 6.3 设 3 维向量组 $\boldsymbol{\alpha}_1 = \begin{bmatrix} 1 \\ 1 \\ 0 \end{bmatrix}$，$\boldsymbol{\alpha}_2 = \begin{bmatrix} 5 \\ 3 \\ 2 \end{bmatrix}$，$\boldsymbol{\alpha}_3 = \begin{bmatrix} 1 \\ 3 \\ -1 \end{bmatrix}$，$\boldsymbol{\alpha}_4 = \begin{bmatrix} -2 \\ 2 \\ -3 \end{bmatrix}$．又设 $\boldsymbol{A}$ 是 3 阶矩阵，且满足 $\boldsymbol{A}\boldsymbol{\alpha}_1 = \boldsymbol{\alpha}_2$，$\boldsymbol{A}\boldsymbol{\alpha}_2 = \boldsymbol{\alpha}_3$，$\boldsymbol{A}\boldsymbol{\alpha}_3 = \boldsymbol{\alpha}_4$，则 $\boldsymbol{A}\boldsymbol{\alpha}_4 =$________．

【解】应填$\begin{bmatrix}7\\5\\2\end{bmatrix}$.

因 $\boldsymbol{\alpha}_1$，$\boldsymbol{\alpha}_2$，$\boldsymbol{\alpha}_3$，$\boldsymbol{\alpha}_4$ 均为具体型向量（分量为常数），故先寻找它们的关系．设 $x_1\boldsymbol{\alpha}_1+x_2\boldsymbol{\alpha}_2+x_3\boldsymbol{\alpha}_3=\boldsymbol{\alpha}_4$，于是

$$\begin{bmatrix}1&5&1&-2\\1&3&3&2\\0&2&-1&-3\end{bmatrix}\to\begin{bmatrix}1&5&1&-2\\0&-2&2&4\\0&2&-1&-3\end{bmatrix}\to\begin{bmatrix}1&5&1&-2\\0&1&-1&-2\\0&2&-1&-3\end{bmatrix}$$

$$\to\begin{bmatrix}1&0&6&8\\0&1&-1&-2\\0&0&1&1\end{bmatrix}\to\begin{bmatrix}1&0&0&2\\0&1&0&-1\\0&0&1&1\end{bmatrix},$$

（(−1)倍加至；$\times\left(-\frac{1}{2}\right)$；(−2)倍加至；(−5)倍加至；1倍加至；(−6)倍加至）

此方程组有唯一解 $x_1=2$，$x_2=-1$，$x_3=1$，得 $\boldsymbol{\alpha}_4=2\boldsymbol{\alpha}_1-\boldsymbol{\alpha}_2+\boldsymbol{\alpha}_3$，则

$$\boldsymbol{A\alpha}_4=\boldsymbol{A}(2\boldsymbol{\alpha}_1-\boldsymbol{\alpha}_2+\boldsymbol{\alpha}_3)=2\underbrace{\boldsymbol{A\alpha}_1}_{=\boldsymbol{\alpha}_2}-\underbrace{\boldsymbol{A\alpha}_2}_{=\boldsymbol{\alpha}_3}+\underbrace{\boldsymbol{A\alpha}_3}_{=\boldsymbol{\alpha}_4}=2\begin{bmatrix}5\\3\\2\end{bmatrix}-\begin{bmatrix}1\\3\\-1\end{bmatrix}+\begin{bmatrix}-2\\2\\-3\end{bmatrix}=\begin{bmatrix}7\\5\\2\end{bmatrix}.$$

3. 求极大线性无关组

（1）定义．

在向量组 $\boldsymbol{\alpha}_1$，$\boldsymbol{\alpha}_2$，…，$\boldsymbol{\alpha}_s$ 中，若存在部分组 $\boldsymbol{\alpha}_{i_1},\boldsymbol{\alpha}_{i_2},\cdots,\boldsymbol{\alpha}_{i_r}$ 满足：

①$\boldsymbol{\alpha}_{i_1},\boldsymbol{\alpha}_{i_2},\cdots,\boldsymbol{\alpha}_{i_r}$ 线性无关；

②向量组中任一向量 $\boldsymbol{\alpha}_i$（$i=1$，2，…，s）均可由 $\boldsymbol{\alpha}_{i_1},\boldsymbol{\alpha}_{i_2},\cdots,\boldsymbol{\alpha}_{i_r}$ 线性表示．

则称向量组 $\boldsymbol{\alpha}_{i_1},\boldsymbol{\alpha}_{i_2},\cdots,\boldsymbol{\alpha}_{i_r}$ 是原向量组的一个极大线性无关组．

【注】向量组的极大线性无关组一般不唯一，只由一个零向量组成的向量组不存在极大线性无关组，一个线性无关的向量组的极大线性无关组就是该向量组本身．

（2）求法．

给出列向量组 $\boldsymbol{\alpha}_1$，$\boldsymbol{\alpha}_2$，…，$\boldsymbol{\alpha}_n$，可按如下步骤求其极大线性无关组．

①构造 $\boldsymbol{A}=[\boldsymbol{\alpha}_1,\ \boldsymbol{\alpha}_2,\ \cdots,\ \boldsymbol{\alpha}_n]$．

② $\boldsymbol{A}\xrightarrow{\text{初等行变换}}\boldsymbol{B}$（阶梯形）．

③算出台阶数 r，按列找出一个秩为 r 的子矩阵即可．

例 6.4 设向量组

$\boldsymbol{\alpha}_1=[1,\ 1,\ 1,\ 3]^{\mathrm{T}}$，$\boldsymbol{\alpha}_2=[-1,\ -3,\ 5,\ 1]^{\mathrm{T}}$，$\boldsymbol{\alpha}_3=[3,\ 2,\ -1,\ a+2]^{\mathrm{T}}$，$\boldsymbol{\alpha}_4=[-2,\ -6,\ 10,\ a]^{\mathrm{T}}$.

（1）a 为何值时，该向量组线性无关？并在此时将向量 $\boldsymbol{\alpha}=[4,\ 1,\ 6,\ 10]^{\mathrm{T}}$ 用 $\boldsymbol{\alpha}_1$，$\boldsymbol{\alpha}_2$，$\boldsymbol{\alpha}_3$，$\boldsymbol{\alpha}_4$

线性表示；

（2）a 为何值时，该向量组线性相关？并在此时求出它的秩和一个极大线性无关组．

【解】对矩阵 $[\boldsymbol{\alpha}_1, \boldsymbol{\alpha}_2, \boldsymbol{\alpha}_3, \boldsymbol{\alpha}_4, \boldsymbol{\alpha}]$ 作初等行变换，有

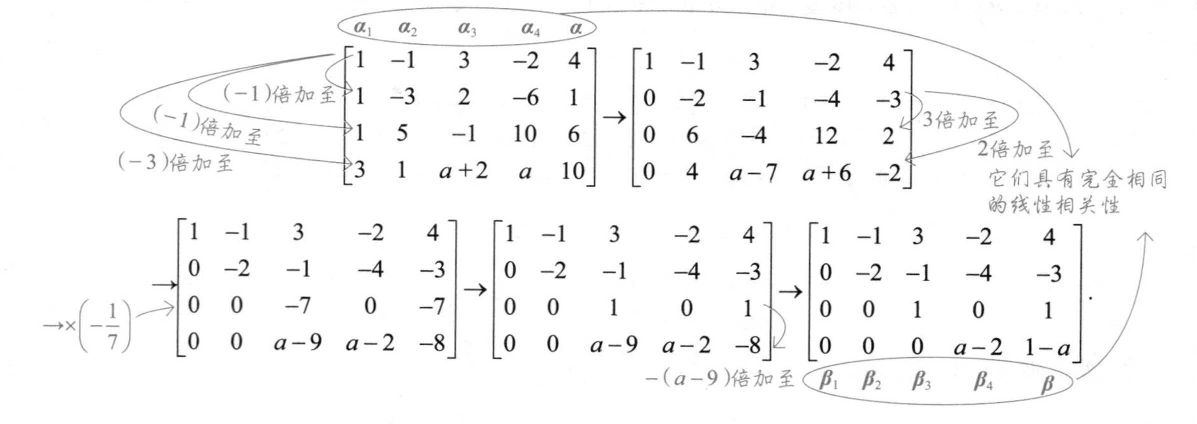

（1）当 $a \neq 2$ 时，向量组 $\boldsymbol{\alpha}_1$，$\boldsymbol{\alpha}_2$，$\boldsymbol{\alpha}_3$，$\boldsymbol{\alpha}_4$ 线性无关．此时设 $\boldsymbol{\alpha}=x_1\boldsymbol{\alpha}_1+x_2\boldsymbol{\alpha}_2+x_3\boldsymbol{\alpha}_3+x_4\boldsymbol{\alpha}_4$，解得

$$x_1=2,\ x_2=\frac{3a-4}{a-2},\ x_3=1,\ x_4=\frac{1-a}{a-2},$$

即

$$\boldsymbol{\alpha}=2\boldsymbol{\alpha}_1+\frac{3a-4}{a-2}\boldsymbol{\alpha}_2+\boldsymbol{\alpha}_3+\frac{1-a}{a-2}\boldsymbol{\alpha}_4\ (a \neq 2).$$

（2）当 $a=2$ 时，向量组 $\boldsymbol{\alpha}_1$，$\boldsymbol{\alpha}_2$，$\boldsymbol{\alpha}_3$，$\boldsymbol{\alpha}_4$ 线性相关．此时，向量组的秩等于 3. $\boldsymbol{\alpha}_1$，$\boldsymbol{\alpha}_2$，$\boldsymbol{\alpha}_3$（或 $\boldsymbol{\alpha}_1$，$\boldsymbol{\alpha}_3$，$\boldsymbol{\alpha}_4$）为其一个极大线性无关组．

1. 定义法

已知某些向量关系，研究另一些向量关系．

（1）写定义式 $k_1\boldsymbol{\alpha}_1+k_2\boldsymbol{\alpha}_2+\cdots+k_n\boldsymbol{\alpha}_n=\boldsymbol{0}$.

（2）考查 $k_1=k_2=\cdots=k_n=0$ 是否成立．

【注】常用方法：

①在"（1）"的两边同乘某些量，重新组合等；

②转化为证某齐次线性方程组只有零解；

③常与特征值、基础解系、正定等综合．

2. 用秩

秩的公式见第 4 讲．

例 6.5 设 $\boldsymbol{A}$ 是 $m\times n$ 矩阵，且 n 维列向量组 $\boldsymbol{\alpha}_1$，$\boldsymbol{\alpha}_2$，…，$\boldsymbol{\alpha}_s$ 线性无关，则下列对 m 维列向量组 $\boldsymbol{A\alpha}_1$，$\boldsymbol{A\alpha}_2$，…，$\boldsymbol{A\alpha}_s$ 的描述

①若 $r(\boldsymbol{A})=n$，则向量组 $\boldsymbol{A\alpha}_1$，$\boldsymbol{A\alpha}_2$，…，$\boldsymbol{A\alpha}_s$ 必线性无关；

②若 $r(\boldsymbol{A})<n$，则向量组 $\boldsymbol{A\alpha}_1$，$\boldsymbol{A\alpha}_2$，…，$\boldsymbol{A\alpha}_s$ 必线性相关.

正确的是（　　）.

（A）①正确，②也正确　　（B）①正确，但②不正确

（C）①不正确，但②正确　　（D）①不正确，②也不正确

【解】应选（B）.

$$[\boldsymbol{A\alpha}_1,\boldsymbol{A\alpha}_2,\cdots,\boldsymbol{A\alpha}_s]=\boldsymbol{A}[\boldsymbol{\alpha}_1,\boldsymbol{\alpha}_2,\cdots,\boldsymbol{\alpha}_s].$$

若 $r(\boldsymbol{A})=n$，则

$$r([\boldsymbol{A\alpha}_1,\boldsymbol{A\alpha}_2,\cdots,\boldsymbol{A\alpha}_s])=r(\boldsymbol{A}[\boldsymbol{\alpha}_1,\boldsymbol{\alpha}_2,\cdots,\boldsymbol{\alpha}_s])=r([\boldsymbol{\alpha}_1,\boldsymbol{\alpha}_2,\cdots,\boldsymbol{\alpha}_s])=s,$$

（由第4讲“二（4）”的“①”得到）

此时 $\boldsymbol{A\alpha}_1$，$\boldsymbol{A\alpha}_2$，…，$\boldsymbol{A\alpha}_s$ 必线性无关，故①正确.

若 $r(\boldsymbol{A})<n$，则方程组 $\boldsymbol{A}_{m\times n}\boldsymbol{x}=\boldsymbol{0}$ 有非零解，下面分两种情形讨论：

a. 若 $\boldsymbol{A}_{m\times n}\boldsymbol{x}=\boldsymbol{0}$ 的某非零解 $\boldsymbol{\xi}$ 可由 $\boldsymbol{\alpha}_1$，$\boldsymbol{\alpha}_2$，…，$\boldsymbol{\alpha}_s$ 线性表示，即存在不全为 0 的数 k_1，k_2，…，k_s，有 $\boldsymbol{\xi}=k_1\boldsymbol{\alpha}_1+k_2\boldsymbol{\alpha}_2+\cdots+k_s\boldsymbol{\alpha}_s$，此时 $\boldsymbol{0}=\boldsymbol{A\xi}=k_1\boldsymbol{A\alpha}_1+k_2\boldsymbol{A\alpha}_2+\cdots+k_s\boldsymbol{A\alpha}_s$，根据定义，此时 $\boldsymbol{A\alpha}_1$，$\boldsymbol{A\alpha}_2$，…，$\boldsymbol{A\alpha}_s$ 线性相关.

b. 若 $\boldsymbol{A}_{m\times n}\boldsymbol{x}=\boldsymbol{0}$ 的任一非零解 $\boldsymbol{\xi}$ 均不可由 $\boldsymbol{\alpha}_1$，$\boldsymbol{\alpha}_2$，…，$\boldsymbol{\alpha}_s$ 线性表示，即对任意不全为 0 的数 k_1，k_2，…，k_s，都有 $\boldsymbol{\xi}\neq k_1\boldsymbol{\alpha}_1+k_2\boldsymbol{\alpha}_2+\cdots+k_s\boldsymbol{\alpha}_s$，此时 $\boldsymbol{0}=\boldsymbol{A\xi}\neq k_1\boldsymbol{A\alpha}_1+k_2\boldsymbol{A\alpha}_2+\cdots+k_s\boldsymbol{A\alpha}_s$，根据定义，此时 $\boldsymbol{A\alpha}_1$，$\boldsymbol{A\alpha}_2$，…，$\boldsymbol{A\alpha}_s$ 线性无关，故②不正确. 应选（B）.

例 6.6 设 $\boldsymbol{A}$ 是 3 阶方阵，$\boldsymbol{\alpha}_1$，$\boldsymbol{\alpha}_2$，$\boldsymbol{\alpha}_3$ 均为 3 维列向量，其中 $\boldsymbol{\alpha}_1\neq\boldsymbol{0}$，$\boldsymbol{A\alpha}_1=\boldsymbol{\alpha}_1$，$\boldsymbol{A\alpha}_2=\boldsymbol{\alpha}_1+\boldsymbol{\alpha}_2$，$\boldsymbol{A\alpha}_3=\boldsymbol{\alpha}_2+\boldsymbol{\alpha}_3$，证明：$\boldsymbol{\alpha}_1$，$\boldsymbol{\alpha}_2$，$\boldsymbol{\alpha}_3$ 线性无关.

【证】用定义证. 设存在数 k_1，k_2，k_3，使得

$$k_1\boldsymbol{\alpha}_1+k_2\boldsymbol{\alpha}_2+k_3\boldsymbol{\alpha}_3=\boldsymbol{0}.\qquad ①$$

在①式两边的左边乘 $\boldsymbol{A}$，且利用题设条件，得

$$k_1\boldsymbol{\alpha}_1+k_2(\boldsymbol{\alpha}_1+\boldsymbol{\alpha}_2)+k_3(\boldsymbol{\alpha}_2+\boldsymbol{\alpha}_3)=\boldsymbol{0},\qquad ②$$

②式 - ①式，得

$$k_2\boldsymbol{\alpha}_1+k_3\boldsymbol{\alpha}_2=\boldsymbol{0},\qquad ③$$

在③式两边的左边乘 $\boldsymbol{A}$，且利用题设条件，得

$$k_2\boldsymbol{\alpha}_1+k_3(\boldsymbol{\alpha}_1+\boldsymbol{\alpha}_2)=\boldsymbol{0},\qquad ④$$

④式 - ③式，得

$$k_3\boldsymbol{\alpha}_1=\boldsymbol{0}.$$

因 $\boldsymbol{\alpha}_1\neq\boldsymbol{0}$，故 $k_3=0$，代入③式，得 $k_2=0$，将 $k_3=k_2=0$ 代入①式，得 $k_1=0$，故若要①式成立，必须有 $k_1=k_2=k_3=0$，故 $\boldsymbol{\alpha}_1$，$\boldsymbol{\alpha}_2$，$\boldsymbol{\alpha}_3$ 线性无关.

例 6.7 设 $\boldsymbol{A}$ 为 3 阶非零矩阵，$\boldsymbol{B}=[\boldsymbol{\beta}_1,\boldsymbol{\beta}_2,\boldsymbol{\beta}_3]$，且 $\boldsymbol{AB}=\boldsymbol{O}$，若齐次线性方程组 $\boldsymbol{Bx}=\boldsymbol{0}$ 的

一个基础解系为$\begin{bmatrix}1\\2\\0\end{bmatrix}$，则齐次线性方程组$\boldsymbol{Ax}=\boldsymbol{0}$的一个基础解系为（　　）.

（A）$\boldsymbol{\beta}_1$　　（B）$\boldsymbol{\beta}_2$　　（C）$\boldsymbol{\beta}_1$，$\boldsymbol{\beta}_2$　　（D）$\boldsymbol{\beta}_2$，$\boldsymbol{\beta}_3$

【解】应选（D）.

由题设知，$r(\boldsymbol{A})\geqslant 1$，$r(\boldsymbol{B})=2$. 由于$\boldsymbol{AB}=\boldsymbol{O}$，故$r(\boldsymbol{A})\leqslant 3-r(\boldsymbol{B})=1$，则$r(\boldsymbol{A})=1$，从而齐次线性方程组$\boldsymbol{Ax}=\boldsymbol{0}$的基础解系含有两个线性无关的解向量. 又由$\boldsymbol{AB}=\boldsymbol{O}$，知$\boldsymbol{B}$的列向量均为方程组$\boldsymbol{Ax}=\boldsymbol{0}$的解向量. 由于$\begin{bmatrix}1\\2\\0\end{bmatrix}$是方程组$\boldsymbol{Bx}=\boldsymbol{0}$的解，而$\boldsymbol{B}=[\boldsymbol{\beta}_1,\boldsymbol{\beta}_2,\boldsymbol{\beta}_3]$，故$\boldsymbol{\beta}_1+2\boldsymbol{\beta}_2=\boldsymbol{0}$，从而$\boldsymbol{\beta}_1$，$\boldsymbol{\beta}_2$线性相关. 因此，$\boldsymbol{\beta}_1$，$\boldsymbol{\beta}_3$一定线性无关. 事实上，若$\boldsymbol{\beta}_1$，$\boldsymbol{\beta}_3$线性相关，则存在不全为零的数$k_1$，$k_2$，使得$k_1\boldsymbol{\beta}_1+k_2\boldsymbol{\beta}_3=\boldsymbol{0}$，由于$\boldsymbol{\beta}_1=-2\boldsymbol{\beta}_2$，故$-2k_1\boldsymbol{\beta}_2+k_2\boldsymbol{\beta}_3=\boldsymbol{0}$，这表明$\boldsymbol{\beta}_2$，$\boldsymbol{\beta}_3$线性相关，即矩阵$\boldsymbol{B}$的任意两个列向量均线性相关，从而$r(\boldsymbol{B})<2$，这与$r(\boldsymbol{B})=2$矛盾. 故齐次线性方程组$\boldsymbol{Ax}=\boldsymbol{0}$的一个基础解系为$\boldsymbol{\beta}_1$，$\boldsymbol{\beta}_3$或$\boldsymbol{\beta}_2$，$\boldsymbol{\beta}_3$. 应选（D）.

例 6.8　设 3 维向量组$\boldsymbol{\alpha}_1$，$\boldsymbol{\alpha}_2$线性无关，$\boldsymbol{\beta}_1$，$\boldsymbol{\beta}_2$线性无关.

（1）证明：存在 3 维非零向量$\boldsymbol{\xi}$，$\boldsymbol{\xi}$既可由$\boldsymbol{\alpha}_1$，$\boldsymbol{\alpha}_2$线性表示，也可由$\boldsymbol{\beta}_1$，$\boldsymbol{\beta}_2$线性表示；

（2）若$\boldsymbol{\alpha}_1=[1,-2,3]^{\mathrm{T}}$，$\boldsymbol{\alpha}_2=[2,1,1]^{\mathrm{T}}$，$\boldsymbol{\beta}_1=[-2,1,4]^{\mathrm{T}}$，$\boldsymbol{\beta}_2=[-5,-3,5]^{\mathrm{T}}$，求既可由$\boldsymbol{\alpha}_1$，$\boldsymbol{\alpha}_2$线性表示，也可由$\boldsymbol{\beta}_1$，$\boldsymbol{\beta}_2$线性表示的所有非零向量$\boldsymbol{\xi}$.

（1）【证】因$\boldsymbol{\alpha}_1$，$\boldsymbol{\alpha}_2$，$\boldsymbol{\beta}_1$，$\boldsymbol{\beta}_2$均是 3 维向量，4 个 3 维向量必线性相关，由定义知，存在不全为零的数k_1，k_2，λ_1，λ_2，使得

$$k_1\boldsymbol{\alpha}_1+k_2\boldsymbol{\alpha}_2+\lambda_1\boldsymbol{\beta}_1+\lambda_2\boldsymbol{\beta}_2=\boldsymbol{0},$$

即

$$k_1\boldsymbol{\alpha}_1+k_2\boldsymbol{\alpha}_2=-\lambda_1\boldsymbol{\beta}_1-\lambda_2\boldsymbol{\beta}_2.$$

取

$$\boldsymbol{\xi}=k_1\boldsymbol{\alpha}_1+k_2\boldsymbol{\alpha}_2=-\lambda_1\boldsymbol{\beta}_1-\lambda_2\boldsymbol{\beta}_2,$$

若$\boldsymbol{\xi}=\boldsymbol{0}$，则$k_1\boldsymbol{\alpha}_1+k_2\boldsymbol{\alpha}_2=-\lambda_1\boldsymbol{\beta}_1-\lambda_2\boldsymbol{\beta}_2=\boldsymbol{0}$. 因$\boldsymbol{\alpha}_1$，$\boldsymbol{\alpha}_2$线性无关，$\boldsymbol{\beta}_1$，$\boldsymbol{\beta}_2$也线性无关，从而得出$k_1=k_2=0$，且$\lambda_1=\lambda_2=0$，这和$k_1$，$k_2$，$\lambda_1$，$\lambda_2$不全为零矛盾，故$\boldsymbol{\xi}\neq\boldsymbol{0}$，所以存在既可由$\boldsymbol{\alpha}_1$，$\boldsymbol{\alpha}_2$线性表示，也可由$\boldsymbol{\beta}_1$，$\boldsymbol{\beta}_2$线性表示的非零向量$\boldsymbol{\xi}$.

（2）【解】设$\boldsymbol{\xi}=k_1\boldsymbol{\alpha}_1+k_2\boldsymbol{\alpha}_2=-\lambda_1\boldsymbol{\beta}_1-\lambda_2\boldsymbol{\beta}_2$，得齐次线性方程组$k_1\boldsymbol{\alpha}_1+k_2\boldsymbol{\alpha}_2+\lambda_1\boldsymbol{\beta}_1+\lambda_2\boldsymbol{\beta}_2=\boldsymbol{0}$，将$\boldsymbol{\alpha}_1$，$\boldsymbol{\alpha}_2$，$\boldsymbol{\beta}_1$，$\boldsymbol{\beta}_2$合并成矩阵，并作初等行变换，得

$$[\boldsymbol{\alpha}_1,\boldsymbol{\alpha}_2,\boldsymbol{\beta}_1,\boldsymbol{\beta}_2]=\begin{bmatrix}1&2&-2&-5\\-2&1&1&-3\\3&1&4&5\end{bmatrix}\xrightarrow{\text{2倍加至；(-3)倍加至}}\begin{bmatrix}1&2&-2&-5\\0&5&-3&-13\\0&-5&10&20\end{bmatrix}\xrightarrow{\text{1倍加至}}\begin{bmatrix}1&2&-2&-5\\0&5&-3&-13\\0&0&7&7\end{bmatrix},$$

解得$[k_1,k_2,\lambda_1,\lambda_2]=k[-1,2,-1,1]$，故既可由$\boldsymbol{\alpha}_1$，$\boldsymbol{\alpha}_2$线性表示，又可由$\boldsymbol{\beta}_1$，$\boldsymbol{\beta}_2$线性表示的所有非零向量为

$$\boldsymbol{\xi}=k_1\boldsymbol{\alpha}_1+k_2\boldsymbol{\alpha}_2=-k\boldsymbol{\alpha}_1+2k\boldsymbol{\alpha}_2=-k\begin{bmatrix}1\\-2\\3\end{bmatrix}+2k\begin{bmatrix}2\\1\\1\end{bmatrix}=k\begin{bmatrix}3\\4\\-1\end{bmatrix},$$ 其中k是任意非零常数.

或 $\boldsymbol{\xi}=-\lambda_1\boldsymbol{\beta}_1-\lambda_2\boldsymbol{\beta}_2=k\boldsymbol{\beta}_1-k\boldsymbol{\beta}_2=k\begin{bmatrix}-2\\1\\4\end{bmatrix}-k\begin{bmatrix}-5\\-3\\5\end{bmatrix}=k\begin{bmatrix}3\\4\\-1\end{bmatrix}$，其中 k 是任意非零常数．

四 向量组等价

给出向量组（Ⅰ）：$\boldsymbol{\alpha}_1$，$\boldsymbol{\alpha}_2$，…，$\boldsymbol{\alpha}_s$；向量组（Ⅱ）：$\boldsymbol{\beta}_1$，$\boldsymbol{\beta}_2$，…，$\boldsymbol{\beta}_t$，其中 $\boldsymbol{\alpha}_i$（$i=1$，2，…，s）与 $\boldsymbol{\beta}_j$（$j=1$，2，…，t）同维，若 $\boldsymbol{\alpha}_i$ 均可由 $\boldsymbol{\beta}_1$，$\boldsymbol{\beta}_2$，…，$\boldsymbol{\beta}_t$ 线性表示，且 $\boldsymbol{\beta}_j$ 均可由 $\boldsymbol{\alpha}_1$，$\boldsymbol{\alpha}_2$，…，$\boldsymbol{\alpha}_s$ 线性表示，则称向量组（Ⅰ）与向量组（Ⅱ）等价．

其等价命题：

（1）$r(\boldsymbol{\alpha}_1,\boldsymbol{\alpha}_2,\cdots,\boldsymbol{\alpha}_s)=r(\boldsymbol{\beta}_1,\boldsymbol{\beta}_2,\cdots,\boldsymbol{\beta}_t)$，且可单方向表示．

【注】所谓可单方向表示，是指 $\boldsymbol{\alpha}_1$，$\boldsymbol{\alpha}_2$，…，$\boldsymbol{\alpha}_s$ 与 $\boldsymbol{\beta}_1$，$\boldsymbol{\beta}_2$，…，$\boldsymbol{\beta}_t$ 这两个向量组中的某一个向量组可由另一个向量组线性表示．

（2）$r(\boldsymbol{\alpha}_1,\boldsymbol{\alpha}_2,\cdots,\boldsymbol{\alpha}_s)=r(\boldsymbol{\beta}_1,\boldsymbol{\beta}_2,\cdots,\boldsymbol{\beta}_t)=r(\boldsymbol{\alpha}_1,\boldsymbol{\alpha}_2,\cdots,\boldsymbol{\alpha}_s,\boldsymbol{\beta}_1,\boldsymbol{\beta}_2,\cdots,\boldsymbol{\beta}_t)$（三秩相同）．

例 6.9 求常数 a 的值，使 $\boldsymbol{\alpha}_1=[1,1,a]^{\mathrm{T}}$，$\boldsymbol{\alpha}_2=[1,a,1]^{\mathrm{T}}$，$\boldsymbol{\alpha}_3=[a,1,1]^{\mathrm{T}}$ 能由 $\boldsymbol{\beta}_1=[1,1,a]^{\mathrm{T}}$，$\boldsymbol{\beta}_2=[-2,a,4]^{\mathrm{T}}$，$\boldsymbol{\beta}_3=[-2,a,a]^{\mathrm{T}}$ 线性表示，但 $\boldsymbol{\beta}_1$，$\boldsymbol{\beta}_2$，$\boldsymbol{\beta}_3$ 不能由 $\boldsymbol{\alpha}_1$，$\boldsymbol{\alpha}_2$，$\boldsymbol{\alpha}_3$ 线性表示．

【解】$\boldsymbol{\alpha}_1$，$\boldsymbol{\alpha}_2$，$\boldsymbol{\alpha}_3$ 能由 $\boldsymbol{\beta}_1$，$\boldsymbol{\beta}_2$，$\boldsymbol{\beta}_3$ 线性表示，则 $r(\boldsymbol{\alpha}_1,\boldsymbol{\alpha}_2,\boldsymbol{\alpha}_3)\leqslant r(\boldsymbol{\beta}_1,\boldsymbol{\beta}_2,\boldsymbol{\beta}_3)$．又 $\boldsymbol{\beta}_1$，$\boldsymbol{\beta}_2$，$\boldsymbol{\beta}_3$ 不能由 $\boldsymbol{\alpha}_1$，$\boldsymbol{\alpha}_2$，$\boldsymbol{\alpha}_3$ 线性表示，故 $r(\boldsymbol{\alpha}_1,\boldsymbol{\alpha}_2,\boldsymbol{\alpha}_3)<r(\boldsymbol{\beta}_1,\boldsymbol{\beta}_2,\boldsymbol{\beta}_3)$，而 $r(\boldsymbol{\beta}_1,\boldsymbol{\beta}_2,\boldsymbol{\beta}_3)\leqslant 3$，于是 $r(\boldsymbol{\alpha}_1,\boldsymbol{\alpha}_2,\boldsymbol{\alpha}_3)<3$，从而 $|\boldsymbol{\alpha}_1,\boldsymbol{\alpha}_2,\boldsymbol{\alpha}_3|=0$，解得 $a=1$ 或 $a=-2$．

[手写：否则由上述“等价命题（1）”知，$\boldsymbol{\alpha}_1$，$\boldsymbol{\alpha}_2$，$\boldsymbol{\alpha}_3$ 与 $\boldsymbol{\beta}_1$，$\boldsymbol{\beta}_2$，$\boldsymbol{\beta}_3$ 等价．]

当 $a=1$ 时，$\boldsymbol{\alpha}_1=\boldsymbol{\alpha}_2=\boldsymbol{\alpha}_3=\boldsymbol{\beta}_1=[1,1,1]^{\mathrm{T}}$，显然 $\boldsymbol{\alpha}_1$，$\boldsymbol{\alpha}_2$，$\boldsymbol{\alpha}_3$ 可由 $\boldsymbol{\beta}_1$，$\boldsymbol{\beta}_2$，$\boldsymbol{\beta}_3$ 线性表示，而此时 $\boldsymbol{\beta}_2=[-2,1,4]^{\mathrm{T}}$ 不能由 $\boldsymbol{\alpha}_1$，$\boldsymbol{\alpha}_2$，$\boldsymbol{\alpha}_3$ 线性表示，即 $a=1$ 符合题意．

当 $a=-2$ 时，有

$$\left[\begin{array}{ccc:ccc}1&-2&-2&1&1&-2\\1&-2&-2&1&-2&1\\-2&4&-2&-2&1&1\end{array}\right]\to\left[\begin{array}{ccc:ccc}1&-2&-2&1&1&-2\\0&0&0&0&-3&3\\0&0&-6&0&3&-3\end{array}\right]\to\left[\begin{array}{ccc:ccc}1&-2&-2&1&1&-2\\0&0&-6&0&3&-3\\0&0&0&0&-3&3\end{array}\right].$$

[手写：（−1）倍加至；2倍加至；互换]

可知 $r(\boldsymbol{\beta}_1,\boldsymbol{\beta}_2,\boldsymbol{\beta}_3)=2$，而 $r([\boldsymbol{\beta}_1,\boldsymbol{\beta}_2,\boldsymbol{\beta}_3,\boldsymbol{\alpha}_2])=3$，故 $\boldsymbol{\alpha}_2$ 不能由向量组 $\boldsymbol{\beta}_1$，$\boldsymbol{\beta}_2$，$\boldsymbol{\beta}_3$ 线性表示，所以 $a=-2$ 不符合题意．

综上所述，$a=1$.

例 6.10 已知向量组

（Ⅰ）：$\boldsymbol{\alpha}_1=[1,1,4]^{\mathrm{T}}$，$\boldsymbol{\alpha}_2=[1,0,4]^{\mathrm{T}}$，$\boldsymbol{\alpha}_3=[1,2,a^2+3]^{\mathrm{T}}$；

（Ⅱ）：$\boldsymbol{\beta}_1=[1,1,a+3]^{\mathrm{T}}$，$\boldsymbol{\beta}_2=[0,2,1-a]^{\mathrm{T}}$，$\boldsymbol{\beta}_3=[1,3,a^2+3]^{\mathrm{T}}$.

若向量组（Ⅰ）与向量组（Ⅱ）等价，求 a 的值，并将 $\boldsymbol{\beta}_3$ 用 $\boldsymbol{\alpha}_1$，$\boldsymbol{\alpha}_2$，$\boldsymbol{\alpha}_3$ 线性表示．

【解】记 $\boldsymbol{A}=[\boldsymbol{\alpha}_1,\boldsymbol{\alpha}_2,\boldsymbol{\alpha}_3 \,\vdots\, \boldsymbol{\beta}_1,\boldsymbol{\beta}_2,\boldsymbol{\beta}_3]$，对 $\boldsymbol{A}$ 作初等行变换，得

$$A=\begin{bmatrix}1&1&1&1&0&1\\1&0&2&1&2&3\\4&4&a^2+3&a+3&1-a&a^2+3\end{bmatrix}\xrightarrow{}\begin{bmatrix}1&1&1&1&0&1\\0&-1&1&0&2&2\\0&0&a^2-1&a-1&1-a&a^2-1\end{bmatrix}\rightarrow\times(-1)$$

（(−1)倍加至；(−4)倍加至）

$$\rightarrow\begin{bmatrix}1&1&1&1&0&1\\0&1&-1&0&-2&-2\\0&0&a^2-1&a-1&1-a&a^2-1\end{bmatrix}\rightarrow\begin{bmatrix}1&0&2&1&2&3\\0&1&-1&0&-2&-2\\0&0&a^2-1&a-1&1-a&a^2-1\end{bmatrix}=B.$$

（(−1)倍加至）

当 $a=-1$ 时,

$$B=\begin{bmatrix}1&0&2&1&2&3\\0&1&-1&0&-2&-2\\0&0&0&-2&2&0\end{bmatrix},$$

因为 r（Ⅰ）$\neq r$（Ⅱ），所以向量组（Ⅰ）与向量组（Ⅱ）不等价.

当 $a=1$ 时,

$$B=\begin{bmatrix}1&0&2&1&2&3\\0&1&-1&0&-2&-2\\0&0&0&0&0&0\end{bmatrix},$$

因为 r（Ⅰ）$=r$（Ⅱ）$=r$（Ⅰ，Ⅱ），所以向量组（Ⅰ）与向量组（Ⅱ）等价，且 $\boldsymbol{\beta}_3=3\boldsymbol{\alpha}_1-2\boldsymbol{\alpha}_2$.

当 $a\neq\pm1$ 时，因为 r（Ⅰ）$=r$（Ⅱ）$=r$（Ⅰ，Ⅱ），所以向量组（Ⅰ）与向量组（Ⅱ）等价. 又

$$[\boldsymbol{\alpha}_1,\boldsymbol{\alpha}_2,\boldsymbol{\alpha}_3,\boldsymbol{\beta}_3]\rightarrow\begin{bmatrix}1&0&0&1\\0&1&0&-1\\0&0&1&1\end{bmatrix},$$

所以 $\boldsymbol{\beta}_3=\boldsymbol{\alpha}_1-\boldsymbol{\alpha}_2+\boldsymbol{\alpha}_3$.

五 向量空间（仅数学一）

1. 概念

设 V 是向量空间，如果 V 中有 r 个向量 $\boldsymbol{\alpha}_1,\boldsymbol{\alpha}_2,\cdots,\boldsymbol{\alpha}_r$，满足

① $\boldsymbol{\alpha}_1,\boldsymbol{\alpha}_2,\cdots,\boldsymbol{\alpha}_r$ 线性无关;

② V 中任一向量都可由 $\boldsymbol{\alpha}_1,\boldsymbol{\alpha}_2,\cdots,\boldsymbol{\alpha}_r$ 线性表示.

则称向量组 $\boldsymbol{\alpha}_1,\boldsymbol{\alpha}_2,\cdots,\boldsymbol{\alpha}_r$ 为向量空间 V 的一个基，称 r 为向量空间 V 的维数，并称 V 为 r 维向量空间.

若 $\boldsymbol{\alpha}_1,\boldsymbol{\alpha}_2,\cdots,\boldsymbol{\alpha}_r$ 是 r 维向量空间 V 的一个基，则 V 中任一向量 $\boldsymbol{\xi}$ 都可由这个基唯一地线性表示:

$$\boldsymbol{\xi}=x_1\boldsymbol{\alpha}_1+x_2\boldsymbol{\alpha}_2+\cdots+x_r\boldsymbol{\alpha}_r,$$

称有序数组 $x_1,x_2,\cdots,x_r$ 为向量 $\boldsymbol{\xi}$ 在基 $\boldsymbol{\alpha}_1,\boldsymbol{\alpha}_2,\cdots,\boldsymbol{\alpha}_r$ 下的坐标. 从而 V 可表示为

$$V=\{\boldsymbol{\xi}=x_1\boldsymbol{\alpha}_1+x_2\boldsymbol{\alpha}_2+\cdots+x_r\boldsymbol{\alpha}_r\mid x_1,x_2,\cdots,x_r\in\mathbf{R}\}.$$

2. 过渡矩阵

设 V 的两个基 $\boldsymbol{\eta}_1$，$\boldsymbol{\eta}_2$，…，$\boldsymbol{\eta}_n$；ξ_1，ξ_2，…，ξ_n，若

$$[\boldsymbol{\eta}_1, \boldsymbol{\eta}_2, \cdots, \boldsymbol{\eta}_n] = [\xi_1, \xi_2, \cdots, \xi_n]\boldsymbol{C},$$

则称 $\boldsymbol{C}$ 为由基 ξ_1，ξ_2，…，ξ_n 到基 $\boldsymbol{\eta}_1$，$\boldsymbol{\eta}_2$，…，$\boldsymbol{\eta}_n$ 的**过渡矩阵**（注意 $\boldsymbol{C}$ 的位置）.

3. 坐标变换

$$\boldsymbol{\alpha} = [\xi_1, \xi_2, \cdots, \xi_n]\boldsymbol{x} = [\boldsymbol{\eta}_1, \boldsymbol{\eta}_2, \cdots, \boldsymbol{\eta}_n]\boldsymbol{y} \xlongequal{\text{由“2”}} [\xi_1, \xi_2, \cdots, \xi_n]\boldsymbol{C}\boldsymbol{y},$$

其中 $\boldsymbol{x}=\boldsymbol{C}\boldsymbol{y}$ 称为**坐标变换公式**.

例 6.11 设 $\boldsymbol{\alpha}_1$，$\boldsymbol{\alpha}_2$，$\boldsymbol{\alpha}_3$ 是 3 维向量空间 $\mathbf{R}^3$ 的一个基，则由基 $\boldsymbol{\alpha}_1$，$\frac{1}{2}\boldsymbol{\alpha}_2$，$\frac{1}{3}\boldsymbol{\alpha}_3$ 到基 $\boldsymbol{\alpha}_1+\boldsymbol{\alpha}_2$，$\boldsymbol{\alpha}_2+\boldsymbol{\alpha}_3$，$\boldsymbol{\alpha}_3+\boldsymbol{\alpha}_1$ 的过渡矩阵为________.

【解】应填 $\begin{bmatrix}1&0&1\\2&2&0\\0&3&3\end{bmatrix}$.

按过渡矩阵的定义，即求 $[\boldsymbol{\alpha}_1+\boldsymbol{\alpha}_2, \boldsymbol{\alpha}_2+\boldsymbol{\alpha}_3, \boldsymbol{\alpha}_3+\boldsymbol{\alpha}_1] = \left[\boldsymbol{\alpha}_1, \frac{1}{2}\boldsymbol{\alpha}_2, \frac{1}{3}\boldsymbol{\alpha}_3\right]\boldsymbol{P}$ 中的矩阵 $\boldsymbol{P}$. 由于

$$[\boldsymbol{\alpha}_1+\boldsymbol{\alpha}_2, \boldsymbol{\alpha}_2+\boldsymbol{\alpha}_3, \boldsymbol{\alpha}_3+\boldsymbol{\alpha}_1] = \left[\boldsymbol{\alpha}_1, \frac{1}{2}\boldsymbol{\alpha}_2, \frac{1}{3}\boldsymbol{\alpha}_3\right]\begin{bmatrix}1&0&1\\2&2&0\\0&3&3\end{bmatrix},$$

故过渡矩阵为

$$\begin{bmatrix}1&0&1\\2&2&0\\0&3&3\end{bmatrix}.$$

例 6.12 设向量组 $\boldsymbol{\alpha}_1$，$\boldsymbol{\alpha}_2$，$\boldsymbol{\alpha}_3$ 为 $\mathbf{R}^3$ 的一个基，且

$$\boldsymbol{\beta}_1=2\boldsymbol{\alpha}_1+2a\boldsymbol{\alpha}_3, \ \boldsymbol{\beta}_2=2\boldsymbol{\alpha}_2, \ \boldsymbol{\beta}_3=\boldsymbol{\alpha}_1+(a+1)\boldsymbol{\alpha}_3.$$

（1）证明：向量组 $\boldsymbol{\beta}_1$，$\boldsymbol{\beta}_2$，$\boldsymbol{\beta}_3$ 为 $\mathbf{R}^3$ 的一个基；

（2）当 a 为何值时，存在非零向量 ξ 在基 $\boldsymbol{\alpha}_1$，$\boldsymbol{\alpha}_2$，$\boldsymbol{\alpha}_3$ 与基 $\boldsymbol{\beta}_1$，$\boldsymbol{\beta}_2$，$\boldsymbol{\beta}_3$ 下的坐标相同，并求出所有的 ξ.

（1）【证】由于

$$[\boldsymbol{\beta}_1, \boldsymbol{\beta}_2, \boldsymbol{\beta}_3] = [2\boldsymbol{\alpha}_1+2a\boldsymbol{\alpha}_3, 2\boldsymbol{\alpha}_2, \boldsymbol{\alpha}_1+(a+1)\boldsymbol{\alpha}_3] = [\boldsymbol{\alpha}_1, \boldsymbol{\alpha}_2, \boldsymbol{\alpha}_3]\boldsymbol{P},$$

其中

$$\boldsymbol{P}=\begin{bmatrix}2&0&1\\0&2&0\\2a&0&a+1\end{bmatrix},$$

且 $|\boldsymbol{P}|=4\neq 0$，所以 $\boldsymbol{\beta}_1$，$\boldsymbol{\beta}_2$，$\boldsymbol{\beta}_3$ 为 $\mathbf{R}^3$ 的一个基.

（2）【解】设ξ在基$\boldsymbol{\alpha}_1$，$\boldsymbol{\alpha}_2$，$\boldsymbol{\alpha}_3$与基$\boldsymbol{\beta}_1$，$\boldsymbol{\beta}_2$，$\boldsymbol{\beta}_3$下的坐标向量为$\boldsymbol{x}=\begin{bmatrix}x_1\\x_2\\x_3\end{bmatrix}$，则

$$\boldsymbol{\xi}=[\boldsymbol{\alpha}_1,\boldsymbol{\alpha}_2,\boldsymbol{\alpha}_3]\boldsymbol{x}=[\boldsymbol{\beta}_1,\boldsymbol{\beta}_2,\boldsymbol{\beta}_3]\boldsymbol{x}=[\boldsymbol{\alpha}_1,\boldsymbol{\alpha}_2,\boldsymbol{\alpha}_3]\boldsymbol{P}\boldsymbol{x},$$

即

$$(\boldsymbol{P}-\boldsymbol{E})\boldsymbol{x}=\boldsymbol{0}.$$

因为

$$\boldsymbol{P}-\boldsymbol{E}=\begin{bmatrix}1&0&1\\0&1&0\\2a&0&a\end{bmatrix}\xrightarrow{(-2a)\text{倍加至}}\begin{bmatrix}1&0&1\\0&1&0\\0&0&-a\end{bmatrix},$$

故当$a=0$时，方程组$(\boldsymbol{P}-\boldsymbol{E})\boldsymbol{x}=\boldsymbol{0}$有非零解，且所有非零解为

$$\boldsymbol{x}=k\begin{bmatrix}1\\0\\-1\end{bmatrix}，k\text{为任意非零常数}.$$

故在两个基下坐标相同的所有非零向量为$\boldsymbol{\xi}=[\boldsymbol{\alpha}_1,\boldsymbol{\alpha}_2,\boldsymbol{\alpha}_3]\begin{bmatrix}k\\0\\-k\end{bmatrix}=k(\boldsymbol{\alpha}_1-\boldsymbol{\alpha}_3)$，$k$为任意非零常数.

【注】经常见到矩阵中含未知参数，但其行列式却不含参数，考生应习惯这种巧妙的命题设置.

例 6.13　由向量$\boldsymbol{\alpha}_1=\begin{bmatrix}1\\0\\1\end{bmatrix}$，$\boldsymbol{\alpha}_2=\begin{bmatrix}1\\2\\3\end{bmatrix}$，$\boldsymbol{\alpha}_3=\begin{bmatrix}2\\2\\4\end{bmatrix}$生成的向量空间$V=\text{span}\{\boldsymbol{\alpha}_1,\boldsymbol{\alpha}_2,\boldsymbol{\alpha}_3\}=\{k_1\boldsymbol{\alpha}_1+k_2\boldsymbol{\alpha}_2+k_3\boldsymbol{\alpha}_3|k_1,k_2,k_3\in\mathbf{R}\}$，则$V$的一个规范正交基为________.

【解】应填$\frac{1}{\sqrt{2}}\begin{bmatrix}1\\0\\1\end{bmatrix}$，$\frac{1}{\sqrt{6}}\begin{bmatrix}-1\\2\\1\end{bmatrix}$.

由题设可得$\boldsymbol{\alpha}_3=\boldsymbol{\alpha}_1+\boldsymbol{\alpha}_2$，所以$V$中的任意向量均可由$\boldsymbol{\alpha}_1$，$\boldsymbol{\alpha}_2$线性表示，又$\boldsymbol{\alpha}_1$，$\boldsymbol{\alpha}_2$线性无关，故$\boldsymbol{\alpha}_1$，$\boldsymbol{\alpha}_2$为向量空间$V$的一个基，将其标准正交化，得

$$\boldsymbol{\beta}_1=\boldsymbol{\alpha}_1=\begin{bmatrix}1\\0\\1\end{bmatrix}，\boldsymbol{\beta}_2=\boldsymbol{\alpha}_2-\frac{(\boldsymbol{\alpha}_2,\boldsymbol{\beta}_1)}{(\boldsymbol{\beta}_1,\boldsymbol{\beta}_1)}\boldsymbol{\beta}_1=\begin{bmatrix}-1\\2\\1\end{bmatrix},$$

$$\boldsymbol{\gamma}_1=\frac{1}{\|\boldsymbol{\beta}_1\|}\boldsymbol{\beta}_1=\frac{1}{\sqrt{2}}\begin{bmatrix}1\\0\\1\end{bmatrix}，\boldsymbol{\gamma}_2=\frac{1}{\|\boldsymbol{\beta}_2\|}\boldsymbol{\beta}_2=\frac{1}{\sqrt{6}}\begin{bmatrix}-1\\2\\1\end{bmatrix},$$

从而$\frac{1}{\sqrt{2}}\begin{bmatrix}1\\0\\1\end{bmatrix}$，$\frac{1}{\sqrt{6}}\begin{bmatrix}-1\\2\\1\end{bmatrix}$为向量空间$V$的一个规范正交基.

这里填两个向量而不是三个向量，这是因为此向量空间的维数是2.

第7讲 特征值与特征向量

知识结构

- 特征值与特征向量的定义 —— $A\xi=\lambda\xi$，$\xi\neq 0$
- 用特征值命题
  - λ_0 是 A 的特征值 $\Leftrightarrow |\lambda_0E-A|=0$；$\lambda_0$ 不是 A 的特征值 $\Leftrightarrow |\lambda_0E-A|\neq 0$
  - λ_1，λ_2，$\cdots$，λ_n 是 A 的 n 个特征值，则 $\begin{cases}|A|=\lambda_1\lambda_2\cdots\lambda_n\\ \text{tr}(A)=\lambda_1+\lambda_2+\cdots+\lambda_n\end{cases}$
  - 重要结论
    - ①记住表格（见正文）
    - ②虽然 A^{T} 的特征值与 A 相同，但特征向量不再是 ξ，要单独计算才能得出
    - ③$f(x)$ 为多项式，若矩阵 A 满足 $f(A)=O$，λ 是 A 的任一特征值，则 λ 满足 $f(\lambda)=0$
- 用特征向量命题
  - $\xi(\neq 0)$ 是 A 的属于 λ_0 的特征向量 $\Leftrightarrow \xi$ 是 $(\lambda_0E-A)x=0$ 的非零解
  - 重要结论
    - ① k 重特征值 λ 至多只有 k 个线性无关的特征向量
    - ② ξ_1，ξ_2 是 A 的属于不同特征值 λ_1，λ_2 的特征向量，则 ξ_1，ξ_2 线性无关
    - ③ ξ_1，ξ_2 是 A 的属于同一特征值 λ 的特征向量，则非零向量 $k_1\xi_1+k_2\xi_2$ 仍是 A 的属于特征值 λ 的特征向量
    - ④ ξ_1，ξ_2 是 A 的属于不同特征值 λ_1，λ_2 的特征向量，则当 $k_1\neq 0$，$k_2\neq 0$ 时，$k_1\xi_1+k_2\xi_2$ 不是 A 的任何特征值的特征向量
    - ⑤ n 阶矩阵 A，B 满足 $AB=BA$，且 A 有 n 个互不相同的特征值，则 A 的特征向量都是 B 的特征向量
- 用矩阵方程命题
  - $AB=O\Rightarrow A[\beta_1,\beta_2,\cdots,\beta_n]=[0,0,\cdots,0]$，即 $A\beta_i=0\beta_i\ (i=1,2,\cdots,n)$，若 β_i 均为非零列向量，则 β_i 为 A 的属于 $\lambda=0$ 的特征向量
  - $AB=C\Rightarrow A[\beta_1,\beta_2,\cdots,\beta_n]=[\gamma_1,\gamma_2,\cdots,\gamma_n]\overset{\text{若}}{=\!=}[\lambda_1\beta_1,\lambda_2\beta_2,\cdots,\lambda_n\beta_n]$，即 $A\beta_i=\lambda_i\beta_i\ (i=1,2,\cdots,n)$，其中 $\gamma_i=\lambda_i\beta_i$，$\beta_i$ 为非零列向量，则 β_i 为 A 的属于 λ_i 的特征向量
  - $AP=PB$，P 可逆 $\Rightarrow P^{-1}AP=B\Rightarrow A\sim B\Rightarrow \lambda_A=\lambda_B$
  - A 的每行元素之和均为 $k\Rightarrow A\begin{bmatrix}1\\1\\\vdots\\1\end{bmatrix}=k\begin{bmatrix}1\\1\\\vdots\\1\end{bmatrix}\Rightarrow k$ 是特征值，$\begin{bmatrix}1\\1\\\vdots\\1\end{bmatrix}$ 是 A 的属于 k 的特征向量

一 特征值与特征向量的定义

设 A 是 n 阶矩阵，λ 是一个数，若存在 n 维非零列向量 ξ，使得

$$A\xi=\lambda\xi, \tag{1}$$

则称 λ 是 A 的特征值，ξ 是 A 的对应于特征值 λ 的特征向量.

【注】由①式，得

$$(\lambda E-A)\xi=0,$$

因 $\xi\neq 0$，故齐次方程组 $(\lambda E-A)x=0$ 有非零解，于是

$$|\lambda E-A|=\begin{vmatrix}\lambda-a_{11} & -a_{12} & \cdots & -a_{1n}\\ -a_{21} & \lambda-a_{22} & \cdots & -a_{2n}\\ \vdots & \vdots & & \vdots\\ -a_{n1} & -a_{n2} & \cdots & \lambda-a_{nn}\end{vmatrix}=0. \tag{2}$$

②式称为 A 的特征方程，是未知量 λ 的 n 次方程，有 n 个根（重根按照重数计），$\lambda E-A$ 称为特征矩阵，$|\lambda E-A|$ 称为特征多项式．求出 λ_i（$i=1,2,\cdots,n$）后，代回 $(\lambda E-A)x=0$，得 $(\lambda_i E-A)x=0$，求解此方程组，得出的非零解均为矩阵 A 的属于特征值 λ_i 的特征向量.

例 7.1 求矩阵 $A=\begin{bmatrix}a & 1 & -1\\ 1 & a & -1\\ -1 & -1 & a\end{bmatrix}$ 的全部特征值和特征向量.

【解】由

$$|\lambda E-A|=\begin{vmatrix}\lambda-a & -1 & 1\\ -1 & \lambda-a & 1\\ 1 & 1 & \lambda-a\end{vmatrix}$$

（1倍加至）

$$=\begin{vmatrix}\lambda-a & -1 & 1\\ 0 & \lambda-a+1 & \lambda-a+1\\ 1 & 1 & \lambda-a\end{vmatrix}$$

（提出 $(\lambda-a+1)$）

$$=(\lambda-a+1)\begin{vmatrix}\lambda-a & -1 & 1\\ 0 & 1 & 1\\ 1 & 1 & \lambda-a\end{vmatrix}$$

（按此行展开）

$$=(\lambda-a+1)\left(\begin{vmatrix}\lambda-a & 1\\ 1 & \lambda-a\end{vmatrix}-\begin{vmatrix}\lambda-a & -1\\ 1 & 1\end{vmatrix}\right)$$

$$=(\lambda-a+1)[(\lambda-a)^2-1-(\lambda-a+1)]$$

（因式分解）

$$=(\lambda-a+1)[(\lambda-a+1)(\lambda-a-1)-(\lambda-a+1)]$$

$$=(\lambda-a+1)^2(\lambda-a-2),$$

所以 $\boldsymbol{A}$ 的特征值为 $\lambda_1=\lambda_2=a-1$，$\lambda_3=a+2$.

当 $\lambda_1=\lambda_2=a-1$ 时，解方程组 $[(a-1)\boldsymbol{E}-\boldsymbol{A}]\boldsymbol{x}=\boldsymbol{0}$，得 $\boldsymbol{A}$ 的线性无关的特征向量 $\xi_1=\begin{bmatrix}-1\\1\\0\end{bmatrix}$，$\xi_2=\begin{bmatrix}1\\0\\1\end{bmatrix}$，则对应于特征值 $\lambda_1=\lambda_2=a-1$ 的全部特征向量为 $k_1\xi_1+k_2\xi_2$，其中 k_1，k_2 是不全为零的常数.

当 $\lambda_3=a+2$ 时，解方程组 $[(a+2)\boldsymbol{E}-\boldsymbol{A}]\boldsymbol{x}=\boldsymbol{0}$，得 $\boldsymbol{A}$ 的特征向量 $\xi_3=\begin{bmatrix}-1\\-1\\1\end{bmatrix}$，则对应于特征值 $\lambda_3=a+2$ 的全部特征向量为 $k_3\xi_3$，其中 k_3 为非零常数.

二、用特征值命题

（1）λ_0 是 $\boldsymbol{A}$ 的特征值 $\Leftrightarrow |\lambda_0\boldsymbol{E}-\boldsymbol{A}|=0$（建方程求参数或证明行列式 $|\lambda_0\boldsymbol{E}-\boldsymbol{A}|=0$）；

λ_0 不是 $\boldsymbol{A}$ 的特征值 $\Leftrightarrow |\lambda_0\boldsymbol{E}-\boldsymbol{A}|\neq 0$（矩阵可逆，满秩）.

【注】这里常见的命题方法：若 $|a\boldsymbol{A}+b\boldsymbol{E}|=0$（或 $a\boldsymbol{A}+b\boldsymbol{E}$ 不可逆），$a\neq 0$，则 $-\dfrac{b}{a}$ 是 $\boldsymbol{A}$ 的特征值.

$|bE-(-aA)|=(-a)^n\left|-\dfrac{b}{a}E-A\right|=0$，则 $\lambda_0=-\dfrac{b}{a}$

（2）若 λ_1，λ_2，$\cdots$，λ_n 是 $\boldsymbol{A}$ 的 n 个特征值，则

$$\begin{cases}|\boldsymbol{A}|=\lambda_1\lambda_2\cdots\lambda_n,\\ \operatorname{tr}(\boldsymbol{A})=\lambda_1+\lambda_2+\cdots+\lambda_n.\end{cases}$$

（3）重要结论.

①记住下表.

如 $f(A)=A^3+2A^2-A+5E$，则 $f(\lambda)=\lambda^3+2\lambda^2-\lambda+5$

矩阵	$\boldsymbol{A}$	$k\boldsymbol{A}$	$\boldsymbol{A}^k$	$f(\boldsymbol{A})$	$\boldsymbol{A}^{-1}$	$\boldsymbol{A}^*$	$\boldsymbol{P}^{-1}\boldsymbol{A}\boldsymbol{P}\overset{\text{记}}{=\!=}\boldsymbol{B}$	$\boldsymbol{P}^{-1}f(\boldsymbol{A})\boldsymbol{P}\overset{\text{记}}{=\!=}f(\boldsymbol{B})$
特征值	λ	$k\lambda$	λ^k	$f(\lambda)$	$\dfrac{1}{\lambda}$	$\dfrac{\lvert\boldsymbol{A}\rvert}{\lambda}$	λ	$f(\lambda)$
对应的特征向量	ξ	ξ	ξ	ξ	ξ	ξ	$\boldsymbol{P}^{-1}\xi$	$\boldsymbol{P}^{-1}\xi$

表中 λ 在分母上的，设 $\lambda\neq 0$.

【注】进一步地，当 $\lambda\neq 0$ 时，$af(\boldsymbol{A})\pm b\boldsymbol{A}^{-1}\pm c\boldsymbol{A}^*$ 的特征值为 $af(\lambda)\pm b\dfrac{1}{\lambda}\pm c\dfrac{|\boldsymbol{A}|}{\lambda}$，特征向量仍为 ξ. 但 $f(\boldsymbol{A})$，$\boldsymbol{A}^{-1}$，$\boldsymbol{A}^*$ 与 $\boldsymbol{A}^{\mathrm{T}}$，$\boldsymbol{B}$ 的线性组合无上述规律，因特征向量不同.

②虽然 A^T 的特征值与 A 相同，但特征向量不再是 ξ，要单独计算才能得出.

① $|\lambda E-A|=|(\lambda E-A)^T|=|\lambda E-A^T|$，故特征值相同；
② 但 $(\lambda E-A)x=0$ 与 $(\lambda E-A^T)x=0$ 不是同解方程组，故特征向量不同.

【注】A^T 和 A 属于不同特征值的特征向量正交.

证 设 A 有特征值 λ_1，对应的特征向量为 α；A^T 有特征值 λ_2，对应的特征向量为 β，且 $\lambda_1\neq\lambda_2$，则 $A\alpha=\lambda_1\alpha$，$A^T\beta=\lambda_2\beta$，

$$\lambda_1\lambda_2\alpha^T\beta=\lambda_1\alpha^T\lambda_2\beta=\lambda_1\alpha^TA^T\beta=\lambda_1(A\alpha)^T\beta=\lambda_1(\lambda_1\alpha)^T\beta=\lambda_1^2\alpha^T\beta,$$

即 $\lambda_1(\lambda_2-\lambda_1)\alpha^T\beta=0$.

同理可得 $\lambda_2(\lambda_1-\lambda_2)\beta^T\alpha=0$，其中 $\beta^T\alpha=\alpha^T\beta$. 两式相加得

$$(\lambda_1-\lambda_2)^2\alpha^T\beta=0,$$

由于 $\lambda_1\neq\lambda_2$，故 $\alpha^T\beta=0$，即 α，β 正交.

③$f(x)$ 为多项式，若矩阵 A 满足 $f(A)=O$，λ 是 A 的任一特征值，则 λ 满足 $f(\lambda)=0$.

【注】解得的 λ 的值只代表范围，如 $A^2=E$，则 $\lambda^2=1$，$\lambda=\pm1$，只能说 A 的特征值的取值范围是 $\{1,-1\}$，即 A 的特征值可能全为 1，可能为 1 和 −1，也可能全为 −1，如

$$\begin{bmatrix}1&0&0\\0&1&0\\0&0&1\end{bmatrix},\begin{bmatrix}1&0&0\\0&-1&0\\0&0&1\end{bmatrix},\begin{bmatrix}-1&0&0\\0&-1&0\\0&0&-1\end{bmatrix}$$

都满足 $A^2=E$. 故考生一定不要因为 $\lambda^2=1$，就武断地说 $\lambda_1=1$，$\lambda_2=-1$. 这是典型的错误.

例 7.2 设 A 是 3 阶矩阵，$|A|=3$，且满足 $|A^2+2A|=0$，$|2A^2+A|=0$，则 $A_{11}+A_{22}+A_{33}=$ ______.

【解】应填 $-\frac{13}{2}$.

由题设知，$|A^2+2A|=|A(A+2E)|=|A||A+2E|=0$，因 $|A|=3\neq0$，则 $|A+2E|=0$，故 A 有特征值 $\lambda_1=-2$.

又 $|2A^2+A|=|A(2A+E)|=8|A|\left|A+\frac{1}{2}E\right|=0$，即 $\left|A+\frac{1}{2}E\right|=0$，得 A 有特征值 $\lambda_2=-\frac{1}{2}$.

因 $|A|=3=\lambda_1\lambda_2\lambda_3$，故 $\lambda_3=3$.

设 ξ 为 A 的特征向量，由本讲“二（3）”的“①”知，$A^*\xi=\frac{|A|}{\lambda}\xi$，即 A^* 的特征值为$\frac{|A|}{\lambda}$，故 A^* 有特征值 $\mu_1=-\frac{3}{2}$，$\mu_2=-6$，$\mu_3=1$，由第 2 讲的“三”知，

$$A_{11}+A_{22}+A_{33}=\text{tr}(A^*)=\mu_1+\mu_2+\mu_3=-\frac{3}{2}-6+1=-\frac{13}{2}.$$

例 7.3 设$A=\begin{bmatrix}1&2\\5&4\end{bmatrix}$, $P=\begin{bmatrix}1&1\\0&1\end{bmatrix}$, $B=P^{-1}A^{100}P$, 则$B+E$的全部线性无关的特征向量为(　　).

(A) $\begin{bmatrix}0\\1\end{bmatrix}$, $\begin{bmatrix}7\\5\end{bmatrix}$　　(B) $\begin{bmatrix}-2\\1\end{bmatrix}$, $\begin{bmatrix}-3\\5\end{bmatrix}$　　(C) $\begin{bmatrix}1\\-1\end{bmatrix}$, $\begin{bmatrix}2\\5\end{bmatrix}$　　(D) $\begin{bmatrix}0\\1\end{bmatrix}$, $\begin{bmatrix}3\\2\end{bmatrix}$

【解】应选(B).

设A的特征向量为α，因$B=P^{-1}f(A)P$，故由本讲“二(3)”的“①”知，$P^{-1}\alpha$是B的特征向量，从而也是$B+E$的特征向量.

由于$|\lambda E-A|=\begin{vmatrix}\lambda-1&-2\\-5&\lambda-4\end{vmatrix}=(\lambda+1)(\lambda-6)$，故$A$的特征值为$\lambda_1=-1$，$\lambda_2=6$. 容易求得$A$的对应于特征值$\lambda_1=-1$与$\lambda_2=6$的线性无关的特征向量分别为$\begin{bmatrix}-1\\1\end{bmatrix}$与$\begin{bmatrix}2\\5\end{bmatrix}$.

由于$P^{-1}=\begin{bmatrix}1&-1\\0&1\end{bmatrix}$，故

$$P^{-1}\begin{bmatrix}-1\\1\end{bmatrix}=\begin{bmatrix}1&-1\\0&1\end{bmatrix}\begin{bmatrix}-1\\1\end{bmatrix}=\begin{bmatrix}-2\\1\end{bmatrix},\ P^{-1}\begin{bmatrix}2\\5\end{bmatrix}=\begin{bmatrix}1&-1\\0&1\end{bmatrix}\begin{bmatrix}2\\5\end{bmatrix}=\begin{bmatrix}-3\\5\end{bmatrix}.$$

于是，$B+E$的全部线性无关的特征向量为$\begin{bmatrix}-2\\1\end{bmatrix}$, $\begin{bmatrix}-3\\5\end{bmatrix}$.

三 用特征向量命题

(1) $\xi(\neq 0)$是A的属于λ_0的特征向量$\Leftrightarrow\xi$是$(\lambda_0E-A)x=0$的非零解.

(2) 重要结论.

① k重特征值λ至多只有k个线性无关的特征向量.

②若ξ_1，ξ_2是A的属于不同特征值λ_1，λ_2的特征向量，则ξ_1，ξ_2线性无关.

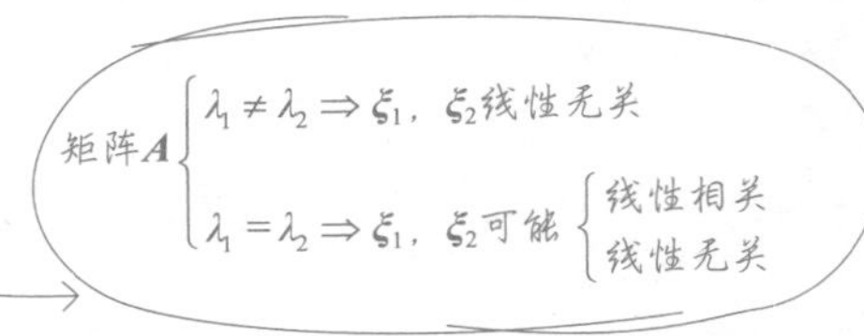

③若ξ_1，ξ_2是A的属于同一特征值λ的特征向量，则非零向量$k_1\xi_1+k_2\xi_2$仍是A的属于特征值λ的特征向量.(常考其中一个系数(如k_2)等于0的情形)

④若ξ_1，ξ_2是A的属于不同特征值λ_1，λ_2的特征向量，则当$k_1\neq 0$，$k_2\neq 0$时，$k_1\xi_1+k_2\xi_2$不是A的任何特征值的特征向量.(常考$k_1=k_2=1$的情形)

【注】**证** 反证法.假设$k_1\xi_1+k_2\xi_2$是A的特征向量，则存在数λ，有

$$A(k_1\xi_1+k_2\xi_2)=\lambda(k_1\xi_1+k_2\xi_2),$$

即

$$k_1A\xi_1+k_2A\xi_2=k_1\lambda\xi_1+k_2\lambda\xi_2,$$

也即
$$k_1\lambda_1\xi_1+k_2\lambda_2\xi_2=k_1\lambda\xi_1+k_2\lambda\xi_2,$$
移项，得
$$k_1(\lambda_1-\lambda)\xi_1+k_2(\lambda_2-\lambda)\xi_2=\mathbf{0}.$$
由于ξ_1，ξ_2线性无关，则
$$\begin{cases}k_1(\lambda_1-\lambda)=0,\\k_2(\lambda_2-\lambda)=0.\end{cases}$$
又$k_1\neq 0$，$k_2\neq 0$，则$\lambda_1=\lambda_2=\lambda$，与$\lambda_1\neq\lambda_2$矛盾，故$k_1\xi_1+k_2\xi_2$不是$\boldsymbol{A}$的任何特征值的特征向量．

⑤设n阶矩阵$\boldsymbol{A},\boldsymbol{B}$满足$\boldsymbol{AB}=\boldsymbol{BA}$，且$\boldsymbol{A}$有$n$个互不相同的特征值，则$\boldsymbol{A}$的特征向量都是$\boldsymbol{B}$的特征向量．

【注】**证** 设$\boldsymbol{\alpha}(\neq\mathbf{0})$是$\boldsymbol{A}$的特征值$\lambda$对应的特征向量，则有$\boldsymbol{A\alpha}=\lambda\boldsymbol{\alpha}$，由于$\boldsymbol{AB}=\boldsymbol{BA}$，则
$$\boldsymbol{AB\alpha}=\boldsymbol{BA\alpha}=\lambda\boldsymbol{B\alpha},$$
则$\boldsymbol{A}(\boldsymbol{B\alpha})=\lambda(\boldsymbol{B\alpha})$．

若$\boldsymbol{B\alpha}\neq\mathbf{0}$，则$\boldsymbol{B\alpha}$也是$\boldsymbol{A}$的特征向量，由于$\boldsymbol{A}$的特征值全是单根，故$\lambda$所对应的特征向量均线性相关，所以$\boldsymbol{B\alpha}$与$\boldsymbol{\alpha}$线性相关，即存在数$\mu\neq 0$使得$\boldsymbol{B\alpha}=\mu\boldsymbol{\alpha}$. 这说明$\boldsymbol{\alpha}$也是$\boldsymbol{B}$的特征向量．

若$\boldsymbol{B\alpha}=\mathbf{0}$，则有$\boldsymbol{B\alpha}=0\boldsymbol{\alpha}$，$\boldsymbol{\alpha}$也是$\boldsymbol{B}$的特征向量．

例 7.4 已知$\boldsymbol{P}^{-1}\boldsymbol{AP}=\begin{bmatrix}1&0&0\\0&3&0\\0&0&3\end{bmatrix}$，$\boldsymbol{\alpha}_1$是矩阵$\boldsymbol{A}$属于特征值$\lambda=1$的特征向量，$\boldsymbol{\alpha}_2$，$\boldsymbol{\alpha}_3$是矩阵$\boldsymbol{A}$属于特征值$\lambda=3$的线性无关的特征向量，则矩阵$\boldsymbol{P}$不可以是（　　）．

（A）$[\boldsymbol{\alpha}_1,\ -2\boldsymbol{\alpha}_2,\ \boldsymbol{\alpha}_3]$　　（B）$[\boldsymbol{\alpha}_1,\ \boldsymbol{\alpha}_2+\boldsymbol{\alpha}_3,\ \boldsymbol{\alpha}_2-2\boldsymbol{\alpha}_3]$

（C）$[\boldsymbol{\alpha}_1,\ \boldsymbol{\alpha}_3,\ \boldsymbol{\alpha}_2]$　　（D）$[\boldsymbol{\alpha}_1+\boldsymbol{\alpha}_2,\ \boldsymbol{\alpha}_1-\boldsymbol{\alpha}_2,\ \boldsymbol{\alpha}_3]$

【解】应选（D）．

若$\boldsymbol{P}^{-1}\boldsymbol{AP}=\boldsymbol{\Lambda}=\begin{bmatrix}a_1&&\\&a_2&\\&&a_3\end{bmatrix}$，$\boldsymbol{P}=[\boldsymbol{\alpha}_1,\ \boldsymbol{\alpha}_2,\ \boldsymbol{\alpha}_3]$，则有$\boldsymbol{AP}=\boldsymbol{P\Lambda}$，即
$$\boldsymbol{A}[\boldsymbol{\alpha}_1,\ \boldsymbol{\alpha}_2,\ \boldsymbol{\alpha}_3]=[\boldsymbol{\alpha}_1,\ \boldsymbol{\alpha}_2,\ \boldsymbol{\alpha}_3]\begin{bmatrix}a_1&&\\&a_2&\\&&a_3\end{bmatrix},$$
即
$$[\boldsymbol{A\alpha}_1,\ \boldsymbol{A\alpha}_2,\ \boldsymbol{A\alpha}_3]=[a_1\boldsymbol{\alpha}_1,\ a_2\boldsymbol{\alpha}_2,\ a_3\boldsymbol{\alpha}_3].$$

由此，$\boldsymbol{\alpha}_i$是矩阵$\boldsymbol{A}$属于特征值a_i（$i=1,2,3$）的特征向量，又因矩阵$\boldsymbol{P}$可逆，因此，$\boldsymbol{\alpha}_1$，$\boldsymbol{\alpha}_2$，$\boldsymbol{\alpha}_3$线性无关．

若$\boldsymbol{\alpha}$是属于特征值λ的特征向量，则$-2\boldsymbol{\alpha}$仍是属于特征值λ的特征向量，故（A）正确．

若$\boldsymbol{\alpha},\boldsymbol{\beta}$是属于特征值$\lambda$的特征向量，则$k_1\boldsymbol{\alpha}+k_2\boldsymbol{\beta}$（$k_1$，$k_2$不同时为零）仍是属于特征值$\lambda$的特征向量．本题中，$\boldsymbol{\alpha}_2$，$\boldsymbol{\alpha}_3$是属于$\lambda=3$的线性无关的特征向量，故$\boldsymbol{\alpha}_2+\boldsymbol{\alpha}_3$，$\boldsymbol{\alpha}_2-2\boldsymbol{\alpha}_3$仍是属于$\lambda=3$的特征向量，并且$\boldsymbol{\alpha}_2+\boldsymbol{\alpha}_3$，$\boldsymbol{\alpha}_2-2\boldsymbol{\alpha}_3$线性无关，故（B）正确．

关于（C），因为$\boldsymbol{\alpha}_2$，$\boldsymbol{\alpha}_3$均是$\lambda=3$的特征向量，所以$\boldsymbol{\alpha}_2$，$\boldsymbol{\alpha}_3$谁在前谁在后均正确，即（C）正确．

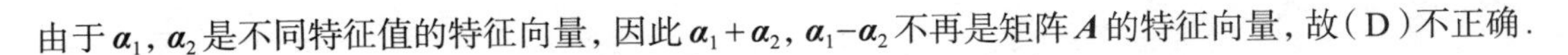

由于$\boldsymbol{\alpha}_1$，$\boldsymbol{\alpha}_2$是不同特征值的特征向量，因此$\boldsymbol{\alpha}_1+\boldsymbol{\alpha}_2$，$\boldsymbol{\alpha}_1-\boldsymbol{\alpha}_2$不再是矩阵$\boldsymbol{A}$的特征向量，故（D）不正确.

例 7.5　设$\boldsymbol{A}$为3阶矩阵，$\boldsymbol{P}$为3阶可逆矩阵，且$\boldsymbol{P}^{-1}\boldsymbol{AP}=\begin{bmatrix}1&0&0\\0&1&0\\0&0&2\end{bmatrix}$. 若$\boldsymbol{P}=[\boldsymbol{\alpha}_1,\ \boldsymbol{\alpha}_2,\ \boldsymbol{\alpha}_3]$，$\boldsymbol{Q}=[\boldsymbol{\alpha}_1+\boldsymbol{\alpha}_2,\ \boldsymbol{\alpha}_2,\ \boldsymbol{\alpha}_3]$，则$\boldsymbol{Q}^{-1}\boldsymbol{AQ}=$（　　）.

（A）$\begin{bmatrix}1&0&0\\0&2&0\\0&0&1\end{bmatrix}$　（B）$\begin{bmatrix}1&0&0\\0&1&0\\0&0&2\end{bmatrix}$　（C）$\begin{bmatrix}2&0&0\\0&1&0\\0&0&2\end{bmatrix}$　（D）$\begin{bmatrix}2&0&0\\0&2&0\\0&0&1\end{bmatrix}$

【解】应选（B）.

由$\boldsymbol{P}^{-1}\boldsymbol{AP}=\begin{bmatrix}1&0&0\\0&1&0\\0&0&2\end{bmatrix}$，知矩阵$\boldsymbol{A}$可相似对角化，因而其相似变换矩阵$\boldsymbol{P}$的列向量$\boldsymbol{\alpha}_1$，$\boldsymbol{\alpha}_2$，$\boldsymbol{\alpha}_3$是$\boldsymbol{A}$的分别属于特征值$\lambda_1=1$，$\lambda_2=1$，$\lambda_3=2$的特征向量. 由于$\lambda_1=\lambda_2=1$是$\boldsymbol{A}$的二重特征值，因此$\boldsymbol{\alpha}_1+\boldsymbol{\alpha}_2$仍是$\boldsymbol{A}$的属于特征值1的特征向量，即$\boldsymbol{A}(\boldsymbol{\alpha}_1+\boldsymbol{\alpha}_2)=1(\boldsymbol{\alpha}_1+\boldsymbol{\alpha}_2)$，从而有

$$\boldsymbol{Q}^{-1}\boldsymbol{AQ}=[\boldsymbol{\alpha}_1+\boldsymbol{\alpha}_2,\ \boldsymbol{\alpha}_2,\ \boldsymbol{\alpha}_3]^{-1}\boldsymbol{A}[\boldsymbol{\alpha}_1+\boldsymbol{\alpha}_2,\ \boldsymbol{\alpha}_2,\ \boldsymbol{\alpha}_3]=\begin{bmatrix}1&0&0\\0&1&0\\0&0&2\end{bmatrix}.$$

应选（B）.

四　用矩阵方程命题

（1）$\boldsymbol{AB}=\boldsymbol{O}\Rightarrow\boldsymbol{A}[\boldsymbol{\beta}_1,\ \boldsymbol{\beta}_2,\ \cdots,\ \boldsymbol{\beta}_n]=[\boldsymbol{0},\ \boldsymbol{0},\ \cdots,\ \boldsymbol{0}]$，即$\boldsymbol{A\beta}_i=0\boldsymbol{\beta}_i\ (i=1,\ 2,\ \cdots,\ n)$，若$\boldsymbol{\beta}_i$均为非零列向量，则$\boldsymbol{\beta}_i$为$\boldsymbol{A}$的属于$\lambda=0$的特征向量.

（2）$\boldsymbol{AB}=\boldsymbol{C}\Rightarrow\boldsymbol{A}[\boldsymbol{\beta}_1,\boldsymbol{\beta}_2,\cdots,\boldsymbol{\beta}_n]=[\boldsymbol{\gamma}_1,\boldsymbol{\gamma}_2,\cdots,\boldsymbol{\gamma}_n]\overset{\text{若}}{=\!=}[\lambda_1\boldsymbol{\beta}_1,\lambda_2\boldsymbol{\beta}_2,\cdots,\lambda_n\boldsymbol{\beta}_n]$，即$\boldsymbol{A\beta}_i=\lambda_i\boldsymbol{\beta}_i\ (i=1,\ 2,\ \cdots,\ n)$，其中$\boldsymbol{\gamma}_i=\lambda_i\boldsymbol{\beta}_i$，$\boldsymbol{\beta}_i$为非零列向量，则$\boldsymbol{\beta}_i$为$\boldsymbol{A}$的属于$\lambda_i$的特征向量.

（3）$\boldsymbol{AP}=\boldsymbol{PB}$，$\boldsymbol{P}$可逆$\Rightarrow\boldsymbol{P}^{-1}\boldsymbol{AP}=\boldsymbol{B}\Rightarrow\boldsymbol{A}\sim\boldsymbol{B}\Rightarrow\lambda_{\boldsymbol{A}}=\lambda_{\boldsymbol{B}}$.

（4）$\boldsymbol{A}$的每行元素之和均为$k\Rightarrow\boldsymbol{A}\begin{bmatrix}1\\1\\\vdots\\1\end{bmatrix}=k\begin{bmatrix}1\\1\\\vdots\\1\end{bmatrix}\Rightarrow k$是特征值，$\begin{bmatrix}1\\1\\\vdots\\1\end{bmatrix}$是$\boldsymbol{A}$的属于$k$的特征向量.

例 7.6　设向量组$\boldsymbol{\alpha}$，$\boldsymbol{A\alpha}$，$\boldsymbol{A}^2\boldsymbol{\alpha}$线性无关，其中$\boldsymbol{A}$为3阶矩阵，$\boldsymbol{\alpha}$为3维非零列向量，且$\boldsymbol{A}^3\boldsymbol{\alpha}=3\boldsymbol{A\alpha}-2\boldsymbol{A}^2\boldsymbol{\alpha}$，则$\boldsymbol{A}$的特征值为________.

【解】应填0，1，-3.

令$\boldsymbol{P}=[\boldsymbol{\alpha},\ \boldsymbol{A\alpha},\ \boldsymbol{A}^2\boldsymbol{\alpha}]$，因为$\boldsymbol{\alpha}$，$\boldsymbol{A\alpha}$，$\boldsymbol{A}^2\boldsymbol{\alpha}$线性无关，所以$\boldsymbol{P}$可逆，且

$$AP=[A\alpha,A^2\alpha,A^3\alpha]=[A\alpha,A^2\alpha,3A\alpha-2A^2\alpha]=[\alpha,A\alpha,A^2\alpha]\begin{bmatrix}0&0&0\\1&0&3\\0&1&-2\end{bmatrix}=PB,$$

其中 $B=\begin{bmatrix}0&0&0\\1&0&3\\0&1&-2\end{bmatrix}$，则 $A=PBP^{-1}$，即 A 与 B 相似，从而 A，B 有相同的特征值．又

按此行展开

$$|\lambda E-B|=\begin{vmatrix}\lambda&0&0\\-1&\lambda&-3\\0&-1&\lambda+2\end{vmatrix}=\lambda(\lambda-1)(\lambda+3),$$

知 B 的特征值为 0，1，−3，故 A 的特征值为 0，1，−3.

例 7.7 设 A，P 均为 3 阶矩阵，$P=[\gamma_1,\gamma_2,\gamma_3]$，其中 γ_1，γ_2，γ_3 为 3 维列向量且线性无关，若 $A[\gamma_1,\gamma_2,\gamma_3]=[\gamma_3,\gamma_2,\gamma_1]$，求矩阵 A 的特征值与特征向量．

【解】$A[\gamma_1,\gamma_2,\gamma_3]=[\gamma_1,\gamma_2,\gamma_3]\begin{bmatrix}0&0&1\\0&1&0\\1&0&0\end{bmatrix}$，令 $B=\begin{bmatrix}0&0&1\\0&1&0\\1&0&0\end{bmatrix}$，则 $AP=PB$，得 $P^{-1}AP=B$，故 $A\sim B$.

对于矩阵 $B=\begin{bmatrix}0&0&1\\0&1&0\\1&0&0\end{bmatrix}$，由

按此列展开

$$|\lambda E-B|=\begin{vmatrix}\lambda&0&-1\\0&\lambda-1&0\\-1&0&\lambda\end{vmatrix}=(\lambda-1)(\lambda^2-1)=(\lambda-1)^2(\lambda+1)=0,$$

得矩阵 B 的特征值为 $\lambda_1=\lambda_2=1$，$\lambda_3=-1$.

当 $\lambda_1=\lambda_2=1$ 时，由 $(E-B)x=0$，即

$$\begin{bmatrix}1&0&-1\\0&0&0\\-1&0&1\end{bmatrix}\begin{bmatrix}x_1\\x_2\\x_3\end{bmatrix}=\begin{bmatrix}0\\0\\0\end{bmatrix},$$

解得基础解系 $\xi_1=[1,0,1]^T$，$\xi_2=[0,1,0]^T$.

当 $\lambda_3=-1$ 时，由 $(-E-B)x=0$，即

$$\begin{bmatrix}-1&0&-1\\0&-2&0\\-1&0&-1\end{bmatrix}\begin{bmatrix}x_1\\x_2\\x_3\end{bmatrix}=\begin{bmatrix}0\\0\\0\end{bmatrix},$$

解得基础解系 $\xi_3=[1,0,-1]^T$.

因为 $P^{-1}AP=B$，所以 A 与 B 的特征值相同，且 A 的相应的特征向量为 $P\xi_i\ (i=1,2,3)$．故 A 属于特征值 $\lambda_1=\lambda_2=1$ 的特征向量为

$$\boldsymbol{\eta}_1=\boldsymbol{P}\xi_1=[\gamma_1,\ \gamma_2,\ \gamma_3]\begin{bmatrix}1\\0\\1\end{bmatrix}=\gamma_1+\gamma_3,$$

$$\boldsymbol{\eta}_2=\boldsymbol{P}\xi_2=[\gamma_1,\ \gamma_2,\ \gamma_3]\begin{bmatrix}0\\1\\0\end{bmatrix}=\gamma_2,$$

$\boldsymbol{A}$ 属于特征值 $\lambda_3=-1$ 的特征向量为

$$\boldsymbol{\eta}_3=\boldsymbol{P}\xi_3=[\gamma_1,\ \gamma_2,\ \gamma_3]\begin{bmatrix}1\\0\\-1\end{bmatrix}=\gamma_1-\gamma_3.$$

综上，$\boldsymbol{A}$ 的特征值为 $\lambda_1=\lambda_2=1$，$\lambda_3=-1$，对应于 $\lambda_1=\lambda_2=1$ 的全部特征向量是 $k_1(\gamma_1+\gamma_3)+k_2\gamma_2$，$k_1$，$k_2$ 不全为 0，对应于 $\lambda_3=-1$ 的全部特征向量是 $k_3(\gamma_1-\gamma_3)$，$k_3\neq 0$.

例 7.8　设 $\boldsymbol{A}$，$\boldsymbol{B}$，$\boldsymbol{C}$ 均是 3 阶矩阵，且满足 $\boldsymbol{AB}=-2\boldsymbol{B}$，$\boldsymbol{CA}^{\mathrm{T}}=2\boldsymbol{C}$，其中

$$\boldsymbol{B}=\begin{bmatrix}1&2&3\\-1&1&0\\2&-1&1\end{bmatrix},\ \boldsymbol{C}=\begin{bmatrix}1&-2&1\\-2&4&-2\\-1&2&-1\end{bmatrix}.$$

求矩阵 $\boldsymbol{A}$ 的特征值与特征向量 .

【解】由题设条件：① $\boldsymbol{AB}=-2\boldsymbol{B}$，将 $\boldsymbol{B}$ 按列分块，设 $\boldsymbol{B}=[\boldsymbol{\beta}_1,\ \boldsymbol{\beta}_2,\ \boldsymbol{\beta}_3]$，则有 $\boldsymbol{A}[\boldsymbol{\beta}_1,\ \boldsymbol{\beta}_2,\ \boldsymbol{\beta}_3]=-2[\boldsymbol{\beta}_1,\ \boldsymbol{\beta}_2,\ \boldsymbol{\beta}_3]$，即 $\boldsymbol{A\beta}_i=-2\boldsymbol{\beta}_i$，$i=1,\ 2,\ 3$，故 $\boldsymbol{\beta}_i$（$i=1,\ 2,\ 3$）是 $\boldsymbol{A}$ 的属于 $\lambda=-2$ 的特征向量 . 又因 $\boldsymbol{\beta}_1$，$\boldsymbol{\beta}_2$ 线性无关，$\boldsymbol{\beta}_3=\boldsymbol{\beta}_1+\boldsymbol{\beta}_2$，故 $\boldsymbol{\beta}_1$，$\boldsymbol{\beta}_2$ 是 $\boldsymbol{A}$ 的属于 $\lambda=-2$ 的线性无关的特征向量 .

② $\boldsymbol{CA}^{\mathrm{T}}=2\boldsymbol{C}$，两边取转置得 $\boldsymbol{AC}^{\mathrm{T}}=2\boldsymbol{C}^{\mathrm{T}}$，将 $\boldsymbol{C}^{\mathrm{T}}$ 按列分块，设 $\boldsymbol{C}^{\mathrm{T}}=[\boldsymbol{\alpha}_1,\ \boldsymbol{\alpha}_2,\ \boldsymbol{\alpha}_3]$，则有

$$\boldsymbol{A}[\boldsymbol{\alpha}_1,\ \boldsymbol{\alpha}_2,\ \boldsymbol{\alpha}_3]=2[\boldsymbol{\alpha}_1,\ \boldsymbol{\alpha}_2,\ \boldsymbol{\alpha}_3]\text{，即 }\boldsymbol{A\alpha}_i=2\boldsymbol{\alpha}_i,\ i=1,\ 2,\ 3,$$

故 $\boldsymbol{\alpha}_i$（$i=1,\ 2,\ 3$）是 $\boldsymbol{A}$ 的属于 $\lambda=2$ 的特征向量 . 因 $\boldsymbol{\alpha}_1$，$\boldsymbol{\alpha}_2$，$\boldsymbol{\alpha}_3$ 互成比例，故 $\boldsymbol{\alpha}_1$ 是 $\boldsymbol{A}$ 的属于特征值 $\lambda=2$ 的特征向量 .

综上，$\boldsymbol{A}$ 的特征值为 $\lambda_1=\lambda_2=-2$，$\lambda_3=2$，对应于 $\lambda_1=\lambda_2=-2$ 的全部特征向量是 $k_1\boldsymbol{\beta}_1+k_2\boldsymbol{\beta}_2$，$k_1$，$k_2$ 不全为 0，对应于 $\lambda_3=2$ 的全部特征向量是 $k_3\boldsymbol{\alpha}_1$，$k_3\neq 0$.

第8讲 相似理论

知识结构

- A 的相似对角化（$A\sim\Lambda$）
  - 充要条件
    - ① A 有 n 个线性无关的特征向量 $\Leftrightarrow A\sim\Lambda$
    - ② $n_i=n-r(\lambda_i E-A)\Leftrightarrow A\sim\Lambda$
  - 充分条件
    - ① A 是实对称矩阵 $\Rightarrow A\sim\Lambda$
    - ② A 有 n 个互异特征值 $\Rightarrow A\sim\Lambda$
    - ③ $A^2-(k_1+k_2)A+k_1k_2E=O$ 且 $k_1\neq k_2\Rightarrow A\sim\Lambda$
    - ④ $r(A)=1$ 且 $\operatorname{tr}(A)\neq 0\Rightarrow A\sim\Lambda$
  - 必要条件 —— $A\sim\Lambda\Rightarrow r(A)=$ 非零特征值的个数（重根按重数算）
  - 否定条件
    - ① $A\neq O$，$A^k=O$（k 为大于 1 的整数）$\Rightarrow A$ 不可相似对角化
    - ② A 的特征值全为 k 但 $A\neq kE\Rightarrow A$ 不可相似对角化
- A 相似于 B（$A\sim B$）
  - 五个性质
    - ① $|A|=|B|$
    - ② $r(A)=r(B)$
    - ③ $\operatorname{tr}(A)=\operatorname{tr}(B)$
    - ④ $\lambda_A=\lambda_B$（或 $|\lambda E-A|=|\lambda E-B|$）
    - ⑤属于 λ_A 的线性无关的特征向量的个数等于属于 λ_B 的线性无关的特征向量的个数
  - 重要结论
    - ① $A\sim B\Rightarrow A^{\mathrm{T}}\sim B^{\mathrm{T}}$，$A^*\sim B^*$，$A^{-1}\sim B^{-1}$（$A$ 可逆）
    - ② $A\sim B\Rightarrow A^m\sim B^m$，$f(A)\sim f(B)$
    - ③ $A\sim B$，$B\sim\Lambda\Rightarrow A\sim\Lambda$
    - ④ $A\sim\Lambda$，$B\sim\Lambda\Rightarrow A\sim B$
    - ⑤ $A\sim C$，$B\sim D\Rightarrow\begin{bmatrix}A & O\\ O & B\end{bmatrix}\sim\begin{bmatrix}C & O\\ O & D\end{bmatrix}$
- 实对称矩阵与正交矩阵
  - 实对称矩阵的重要结论
    - ①特征值均为实数，特征向量均为实向量
    - ②不同特征值对应的特征向量正交（即 $\lambda_1\neq\lambda_2\Rightarrow\xi_1\perp\xi_2\Rightarrow(\xi_1,\xi_2)=0$，建方程）
    - ③可用正交矩阵相似对角化（即存在正交矩阵 Q，使 $Q^{-1}AQ=Q^{\mathrm{T}}AQ=\Lambda$）
    - ④ A 为 n 阶实对称矩阵 $\Leftrightarrow A$ 有 n 个正交的特征向量
  - 正交矩阵的重要结论
    - ① $A^{\mathrm{T}}A=E\Leftrightarrow A^{-1}=A^{\mathrm{T}}$
      - $\Leftrightarrow A$ 由规范正交基组成
      - $\Leftrightarrow A^{\mathrm{T}}$ 是正交矩阵
      - $\Leftrightarrow A^{-1}$ 是正交矩阵
      - $\Leftrightarrow A^*$ 是正交矩阵
      - $\Leftrightarrow -A$ 是正交矩阵
    - ②若 A，B 为同阶正交矩阵，则 AB 为正交矩阵，$A+B$ 不一定为正交矩阵
    - ③若 A 为正交矩阵，则其实特征值的取值范围为 $\{-1,1\}$

一 A 的相似对角化（$A\sim\Lambda$）

设 n 阶矩阵 $\boldsymbol{A}$，若存在 n 阶可逆矩阵 $\boldsymbol{P}$，使得 $\boldsymbol{P}^{-1}\boldsymbol{AP}=\boldsymbol{\Lambda}$，其中 $\boldsymbol{\Lambda}$ 是对角矩阵，则称 $\boldsymbol{A}$ 可相似对角化，记作 $\boldsymbol{A}\sim\boldsymbol{\Lambda}$，称 $\boldsymbol{\Lambda}$ 是 $\boldsymbol{A}$ 的相似标准形 .

于是可知，若 $\boldsymbol{A}$ 可相似对角化，即 $\boldsymbol{P}^{-1}\boldsymbol{AP}=\boldsymbol{\Lambda}$，其中 $\boldsymbol{P}$ 可逆，等式两边同时在左边乘 $\boldsymbol{P}$，有 $\boldsymbol{AP}=\boldsymbol{P\Lambda}$，记

$$\boldsymbol{P}=[\xi_1,\ \xi_2,\ \cdots,\ \xi_n],\ \boldsymbol{\Lambda}=\begin{bmatrix}\lambda_1 & & & \\ & \lambda_2 & & \\ & & \ddots & \\ & & & \lambda_n\end{bmatrix},$$

则

$$\boldsymbol{A}[\xi_1,\ \xi_2,\ \cdots,\ \xi_n]=[\xi_1,\ \xi_2,\ \cdots,\ \xi_n]\begin{bmatrix}\lambda_1 & & & \\ & \lambda_2 & & \\ & & \ddots & \\ & & & \lambda_n\end{bmatrix},$$

即

$$[\boldsymbol{A}\xi_1,\ \boldsymbol{A}\xi_2,\ \cdots,\ \boldsymbol{A}\xi_n]=[\lambda_1\xi_1,\ \lambda_2\xi_2,\ \cdots,\ \lambda_n\xi_n],$$

也即

$$\boldsymbol{A}\xi_i=\lambda_i\xi_i,\ i=1,\ 2,\ \cdots,\ n.$$

由 $\boldsymbol{P}$ 可逆，知 $\xi_1,\ \xi_2,\ \cdots,\ \xi_n$ 线性无关 . 上述过程可逆，于是，n 阶矩阵 $\boldsymbol{A}$ 可相似对角化 $\Leftrightarrow$ $\boldsymbol{A}$ 有 n 个线性无关的特征向量 . 据此，可得以下结论 .

设 $\boldsymbol{A}$ 为 n 阶矩阵 .

（1）充要条件 .

① $\boldsymbol{A}$ 有 n 个线性无关的特征向量 $\Leftrightarrow \boldsymbol{A}\sim\boldsymbol{\Lambda}$.

② $n_i=n-r(\lambda_i\boldsymbol{E}-\boldsymbol{A})\Leftrightarrow \boldsymbol{A}\sim\boldsymbol{\Lambda}$.

如 $\boldsymbol{A}_{5\times5}$　$\lambda_1=\lambda_2=7$ ↓↓ $\xi_1\ \xi_2$，$2=5-r(7\boldsymbol{E}-\boldsymbol{A})$；$\lambda_3=\lambda_4=\lambda_5=2$ ↓↓↓ $\xi_3\ \xi_4\ \xi_5$，$3=5-r(2\boldsymbol{E}-\boldsymbol{A})$

【注】（1）λ_i 是 n_i 重根，故 $n-r(\lambda_i\boldsymbol{E}-\boldsymbol{A})$ 表示 $(\lambda_i\boldsymbol{E}-\boldsymbol{A})\boldsymbol{x}=\boldsymbol{0}$ 的解中线性无关的向量个数，也即属于 λ_i 的线性无关的特征向量的个数 . 当 $n_i=n-r(\lambda_i\boldsymbol{E}-\boldsymbol{A})$ 时，即知 $\boldsymbol{A}$ 有 n 个线性无关的特征向量，等价于上面的① .

（2）②常用于求秩 .

（2）充分条件 .

$\boldsymbol{A}$ 实对称 $\begin{cases}\lambda_1\neq\lambda_2\Rightarrow\xi_1\perp\xi_2\\ \lambda_1=\lambda_2\Rightarrow\xi_1,\ \xi_2\text{线性无关}\end{cases}$　$\boldsymbol{A}$ 普通 $\begin{cases}\lambda_1\neq\lambda_2\Rightarrow\xi_1,\ \xi_2\text{线性无关}\\ \lambda_1=\lambda_2\Rightarrow\xi_1,\ \xi_2\text{可能线性相关，也可能线性无关}\end{cases}$

① $\boldsymbol{A}$ 是实对称矩阵 $\Rightarrow \boldsymbol{A}\sim\boldsymbol{\Lambda}$.

【注】若 $\boldsymbol{A}$ 是实对称矩阵，则 $\boldsymbol{A}$ 必有 n 个线性无关的特征向量，故 $\boldsymbol{A}\sim\boldsymbol{\Lambda}$.

② $\boldsymbol{A}$ 有 n 个互异特征值 $\Rightarrow \boldsymbol{A}\sim\boldsymbol{\Lambda}$.

【注】由于不同特征值对应的特征向量线性无关，故当 $\boldsymbol{A}$ 有 n 个互异特征值时，$\boldsymbol{A}$ 必有 n 个线性无关的特征向量，故 $\boldsymbol{A}\sim\boldsymbol{\Lambda}$.

③ $\boldsymbol{A}^2-(k_1+k_2)\boldsymbol{A}+k_1k_2\boldsymbol{E}=\boldsymbol{O}$ 且 $k_1\neq k_2\Rightarrow \boldsymbol{A}\sim\boldsymbol{\Lambda}$.

④ $r(\boldsymbol{A})=1$ 且 $\operatorname{tr}(\boldsymbol{A})\neq 0\Rightarrow \boldsymbol{A}\sim\boldsymbol{\Lambda}$.

（3）必要条件.

$\boldsymbol{A}\sim\boldsymbol{\Lambda}\Rightarrow r(\boldsymbol{A})=$ 非零特征值的个数（重根按重数算）.

$\to r(\boldsymbol{A})=r(\boldsymbol{P}^{-1}\boldsymbol{AP})=r(\boldsymbol{\Lambda})$

（4）否定条件.

① $\boldsymbol{A}\neq\boldsymbol{O}$，$\boldsymbol{A}^k=\boldsymbol{O}$（$k$ 为大于 1 的整数）$\Rightarrow \boldsymbol{A}$ 不可相似对角化.

② $\boldsymbol{A}$ 的特征值全为 k 但 $\boldsymbol{A}\neq k\boldsymbol{E}\Rightarrow \boldsymbol{A}$ 不可相似对角化.

例 8.1　设矩阵 $\boldsymbol{A}=\begin{bmatrix}2&1&0\\1&2&0\\1&a&b\end{bmatrix}$ 仅有两个不同的特征值.若 $\boldsymbol{A}$ 相似于对角矩阵，求 a，b 的值，并求可逆矩阵 $\boldsymbol{P}$，使得 $\boldsymbol{P}^{-1}\boldsymbol{AP}$ 为对角矩阵.

【解】因为

$$|\lambda\boldsymbol{E}-\boldsymbol{A}|=\begin{vmatrix}\lambda-2&-1&0\\-1&\lambda-2&0\\-1&-a&\lambda-b\end{vmatrix}=(\lambda-b)(\lambda-1)(\lambda-3),$$

所以 $\boldsymbol{A}$ 的特征值为 $\lambda_1=b$，$\lambda_2=1$，$\lambda_3=3$.

因为矩阵 $\boldsymbol{A}$ 仅有两个不同的特征值，所以 $\lambda_1=\lambda_2$ 或 $\lambda_1=\lambda_3$.

①当 $\lambda_1=\lambda_2=1$ 时，有 $b=1$.因为 $\boldsymbol{A}$ 相似于对角矩阵，所以 $r(\boldsymbol{E}-\boldsymbol{A})=1$，故 $a=1$.

解方程组 $(\boldsymbol{E}-\boldsymbol{A})\boldsymbol{x}=\boldsymbol{0}$，得 $\boldsymbol{A}$ 的对应于特征值 1 的线性无关的特征向量 $\boldsymbol{\xi}_1=\begin{bmatrix}-1\\1\\0\end{bmatrix}$，$\boldsymbol{\xi}_2=\begin{bmatrix}0\\0\\1\end{bmatrix}$.

对于 $\lambda_3=3$，解方程组 $(3\boldsymbol{E}-\boldsymbol{A})\boldsymbol{x}=\boldsymbol{0}$，得 $\boldsymbol{A}$ 的对应于特征值 3 的特征向量 $\boldsymbol{\xi}_3=\begin{bmatrix}1\\1\\1\end{bmatrix}$.

令 $\boldsymbol{P}=[\boldsymbol{\xi}_1,\boldsymbol{\xi}_2,\boldsymbol{\xi}_3]=\begin{bmatrix}-1&0&1\\1&0&1\\0&1&1\end{bmatrix}$，则 $\boldsymbol{P}^{-1}\boldsymbol{AP}=\begin{bmatrix}1&0&0\\0&1&0\\0&0&3\end{bmatrix}$.

②当 $\lambda_1=\lambda_3=3$ 时，有 $b=3$.因为 $\boldsymbol{A}$ 相似于对角矩阵，所以 $r(3\boldsymbol{E}-\boldsymbol{A})=1$，故 $a=-1$.

解方程组 $(3\boldsymbol{E}-\boldsymbol{A})\boldsymbol{x}=\boldsymbol{0}$，得 $\boldsymbol{A}$ 的对应于特征值 3 的线性无关的特征向量 $\boldsymbol{\eta}_1=\begin{bmatrix}1\\1\\0\end{bmatrix}$，$\boldsymbol{\eta}_2=\begin{bmatrix}0\\0\\1\end{bmatrix}$.

对于 $\lambda_2=1$，解方程组 $(\boldsymbol{E}-\boldsymbol{A})\boldsymbol{x}=\boldsymbol{0}$，得 $\boldsymbol{A}$ 的对应于特征值 1 的特征向量 $\boldsymbol{\eta}_3=\begin{bmatrix}-1\\1\\1\end{bmatrix}$.

令 $\boldsymbol{P}=[\boldsymbol{\eta}_1,\boldsymbol{\eta}_2,\boldsymbol{\eta}_3]=\begin{bmatrix}1&0&-1\\1&0&1\\0&1&1\end{bmatrix}$，则 $\boldsymbol{P}^{-1}\boldsymbol{AP}=\begin{bmatrix}3&0&0\\0&3&0\\0&0&1\end{bmatrix}$.

例 8.2 设 n 阶方阵 $\boldsymbol{A}$ 满足 $\boldsymbol{A}^2-(k_1+k_2)\boldsymbol{A}+k_1k_2\boldsymbol{E}=\boldsymbol{O}$，且 $k_1\neq k_2$，证明：$\boldsymbol{A}$ 可相似对角化.

【证】设 λ 是 $\boldsymbol{A}$ 的特征值，根据 $\boldsymbol{A}^2-(k_1+k_2)\boldsymbol{A}+k_1k_2\boldsymbol{E}=\boldsymbol{O}$，可得

$$\lambda^2-(k_1+k_2)\lambda+k_1k_2=0,$$

故 $\lambda=k_1$ 或 k_2，即 $\boldsymbol{A}$ 的特征值的取值范围是 $\{k_1,k_2\}$.

由第 4 讲"二（12）"知，若 n 阶矩阵 $\boldsymbol{A}$ 满足 $\boldsymbol{A}^2-(k_1+k_2)\boldsymbol{A}+k_1k_2\boldsymbol{E}=\boldsymbol{O}$，且 $k_1\neq k_2$，则

$$r(\boldsymbol{A}-k_1\boldsymbol{E})+r(\boldsymbol{A}-k_2\boldsymbol{E})=n.$$

现设 $r(\boldsymbol{A}-k_1\boldsymbol{E})=r$，则齐次线性方程组 $(k_1\boldsymbol{E}-\boldsymbol{A})\boldsymbol{x}=\boldsymbol{0}$ 有 $n-r$ 个线性无关解，所以 $\boldsymbol{A}$ 的属于特征值 k_1 的线性无关的特征向量有 $n-r$ 个，记为 $\boldsymbol{\xi}_1,\boldsymbol{\xi}_2,\cdots,\boldsymbol{\xi}_{n-r}$，且 $r(\boldsymbol{A}-k_2\boldsymbol{E})=n-r$，齐次线性方程组 $(k_2\boldsymbol{E}-\boldsymbol{A})\boldsymbol{x}=\boldsymbol{0}$ 有 $n-(n-r)=r$ 个线性无关解，所以 $\boldsymbol{A}$ 的属于特征值 k_2 的线性无关的特征向量有 r 个，记为 $\boldsymbol{\eta}_1,\boldsymbol{\eta}_2,\cdots,\boldsymbol{\eta}_r$.

因为 $k_1\neq k_2$，所以 $\boldsymbol{\xi}_1,\boldsymbol{\xi}_2,\cdots,\boldsymbol{\xi}_{n-r},\boldsymbol{\eta}_1,\boldsymbol{\eta}_2,\cdots,\boldsymbol{\eta}_r$ 线性无关，于是 n 阶矩阵 $\boldsymbol{A}$ 共有 n 个线性无关的特征向量，故 $\boldsymbol{A}$ 可相似对角化.

【注】常考 $\boldsymbol{A}^2=\boldsymbol{A}$，$\boldsymbol{A}^2=\boldsymbol{E}$ 的情形.

例 8.3 设 n 阶矩阵

$$\boldsymbol{A}=\begin{bmatrix}a_1b_1&a_1b_2&\cdots&a_1b_n\\a_2b_1&a_2b_2&\cdots&a_2b_n\\\vdots&\vdots&&\vdots\\a_nb_1&a_nb_2&\cdots&a_nb_n\end{bmatrix}.$$

已知 $\mathrm{tr}(\boldsymbol{A})=a\neq0$. 证明：矩阵 $\boldsymbol{A}$ 可以相似对角化.

【证】设 $\boldsymbol{\alpha}=[a_1,a_2,\cdots,a_n]^{\mathrm{T}}$，$\boldsymbol{\beta}=[b_1,b_2,\cdots,b_n]^{\mathrm{T}}$，则矩阵 $\boldsymbol{A}=\boldsymbol{\alpha\beta}^{\mathrm{T}}$. 于是

$$\boldsymbol{A}^2=\boldsymbol{AA}=(\boldsymbol{\alpha\beta}^{\mathrm{T}})(\boldsymbol{\alpha\beta}^{\mathrm{T}})=(\boldsymbol{\beta}^{\mathrm{T}}\boldsymbol{\alpha})\boldsymbol{\alpha\beta}^{\mathrm{T}}$$

$$=\left(\sum_{i=1}^{n}a_ib_i\right)\boldsymbol{A}=\mathrm{tr}(\boldsymbol{A})\boldsymbol{A}=a\boldsymbol{A}.$$

设 λ 是 $\boldsymbol{A}$ 的特征值，$\boldsymbol{\xi}(\neq\boldsymbol{0})$ 是 $\boldsymbol{A}$ 的属于 λ 的特征向量，则由 $\boldsymbol{A}^2=a\boldsymbol{A}$，根据第 7 讲"二（3）"的"③"，有 $\lambda^2=a\lambda$，即 $\lambda(\lambda-a)=0$，故 $\boldsymbol{A}$ 的特征值的取值范围是 $\{0,a\}$. 又 $\sum_{i=1}^{n}\lambda_i=\mathrm{tr}(\boldsymbol{A})=a\neq0$，所以 $\lambda_1=a$ 是 $\boldsymbol{A}$ 的一重特征值，$\lambda_2=\lambda_3=\cdots=\lambda_n=0$ 是 $\boldsymbol{A}$ 的 $n-1$ 重特征值.

对于特征值 $\lambda_2=\lambda_3=\cdots=\lambda_n=0$，齐次线性方程组 $(0\boldsymbol{E}-\boldsymbol{A})\boldsymbol{x}=\boldsymbol{0}$ 的系数矩阵的秩

$$r(0\boldsymbol{E}-\boldsymbol{A})=r(-\boldsymbol{A})=r(\boldsymbol{A})$$

$$=r(\boldsymbol{\alpha\beta}^{\mathrm{T}})\leqslant\min\{r(\boldsymbol{\alpha}),r(\boldsymbol{\beta}^{\mathrm{T}})\}=1.$$

又因为 $\mathrm{tr}(\boldsymbol{A})=\sum_{i=1}^{n}a_ib_i=a\neq 0$，故 a_ib_i（$i=1,2,\cdots,n$）不全为零，由此可知

$$r(\boldsymbol{A})\geqslant 1,$$

所以 $r(0\boldsymbol{E}-\boldsymbol{A})=1$. 因此，矩阵 $\boldsymbol{A}$ 的属于 $n-1$ 重特征值 0 的线性无关的特征向量个数为 $n-1$. 从而，$\boldsymbol{A}$ 有 n 个线性无关的特征向量，故 $\boldsymbol{A}$ 可以相似对角化.

例 8.4　设 $\boldsymbol{A}$ 是 n 阶非零矩阵，若存在正整数 k（$k>1$）使得 $\boldsymbol{A}^k=\boldsymbol{O}$，证明：$\boldsymbol{A}$ 不可相似对角化.

【证】设 λ 是 $\boldsymbol{A}$ 的特征值，$\boldsymbol{\xi}(\neq\boldsymbol{0})$ 是 $\boldsymbol{A}$ 的属于 λ 的特征向量，则 $\boldsymbol{A\xi}=\lambda\boldsymbol{\xi}$，由第 7 讲“二（3）”中的“③”，因 $\boldsymbol{A}^k=\boldsymbol{O}$，故 $\lambda^k=0$，即 $\lambda_1=\lambda_2=\cdots=\lambda_n=0$，$\boldsymbol{A}$ 的特征值全是零.

若 $\boldsymbol{A}$ 能与对角矩阵 $\boldsymbol{\Lambda}$ 相似，则 $\boldsymbol{\Lambda}$ 的主对角线元素为 $\boldsymbol{A}$ 的全部特征值 $\lambda_1,\lambda_2,\cdots,\lambda_n$. 而 $\lambda_1=\lambda_2=\cdots=\lambda_n=0$，于是 $\boldsymbol{\Lambda}=\boldsymbol{O}$，即存在可逆矩阵 $\boldsymbol{P}$，使得

$$\boldsymbol{A}=\boldsymbol{P\Lambda P}^{-1}=\boldsymbol{POP}^{-1}=\boldsymbol{O},$$

这与题设 $\boldsymbol{A}\neq\boldsymbol{O}$ 矛盾，故 $\boldsymbol{A}$ 不可相似对角化.

【注】若懂得了例 8.4 的道理，命题中若出现 $\begin{bmatrix}0&0&1\\0&0&0\\0&0&0\end{bmatrix},\begin{bmatrix}0&1&1\\0&0&1\\0&0&0\end{bmatrix}$，因 $\begin{bmatrix}0&0&1\\0&0&0\\0&0&0\end{bmatrix}^2=\boldsymbol{O},\begin{bmatrix}0&1&1\\0&0&1\\0&0&0\end{bmatrix}^3=\boldsymbol{O}$，而它们本身不是零矩阵，则可直接判别出其不可相似对角化.

例 8.5　设

$$\boldsymbol{A}=\begin{bmatrix}k&a_1&a_2\\0&k&a_3\\0&0&k\end{bmatrix},\ \boldsymbol{B}=\begin{bmatrix}k&0&0\\b_1&k&0\\b_2&b_3&k\end{bmatrix},$$

a_i 与 b_i（$i=1,2,3$）均不全为零，证明：$\boldsymbol{A}$，$\boldsymbol{B}$ 均不可相似对角化.

【证】设 λ_A，λ_B 分别是 $\boldsymbol{A}$，$\boldsymbol{B}$ 的特征值，由 $|\lambda_A\boldsymbol{E}-\boldsymbol{A}|=0$，$|\lambda_B\boldsymbol{E}-\boldsymbol{B}|=0$，知 $\boldsymbol{A}$，$\boldsymbol{B}$ 的特征值全为 k. 若 $\boldsymbol{A}$，$\boldsymbol{B}$ 均能与对角矩阵 $\boldsymbol{\Lambda}$ 相似，则 $\boldsymbol{\Lambda}=k\boldsymbol{E}$，即存在可逆矩阵 $\boldsymbol{P}$，$\boldsymbol{Q}$，使得 $\boldsymbol{P}^{-1}\boldsymbol{AP}=\boldsymbol{\Lambda}=k\boldsymbol{E}$，$\boldsymbol{Q}^{-1}\boldsymbol{BQ}=\boldsymbol{\Lambda}=k\boldsymbol{E}$，也即 $\boldsymbol{A}=\boldsymbol{P}(k\boldsymbol{E})\boldsymbol{P}^{-1}=k\boldsymbol{E}$，$\boldsymbol{B}=\boldsymbol{Q}(k\boldsymbol{E})\boldsymbol{Q}^{-1}=k\boldsymbol{E}$，这与题设 a_i 与 b_i（$i=1,2,3$）均不全为零矛盾，故 $\boldsymbol{A}$，$\boldsymbol{B}$ 均不可相似对角化.

【注】若懂得了例 8.5 的道理，命题中若出现 $\begin{bmatrix}1&0&1\\0&1&0\\0&0&1\end{bmatrix},\begin{bmatrix}2&0&0\\1&2&0\\0&0&2\end{bmatrix}$ 等，均可直接判别出其不可相似对角化.

二　A 相似于 B（$A\sim B$）

设 $\boldsymbol{A}$，$\boldsymbol{B}$ 都是 n 阶方阵，若存在 n 阶可逆矩阵 $\boldsymbol{P}$，使得 $\boldsymbol{P}^{-1}\boldsymbol{AP}=\boldsymbol{B}$，则称矩阵 $\boldsymbol{A}$ 相似于矩阵 $\boldsymbol{B}$，记作 $\boldsymbol{A}\sim\boldsymbol{B}$.

【注】①若 $A\sim B$，$B\sim C$，则 $A\sim C$. 这个性质（传递性）以后常用．

②用定义法可证一些重要且有趣的结论，如：若 A 可逆，则 $AB\sim BA$.

证 由于 $A^{-1}(AB)A=BA$，故 $AB\sim BA$.

1. 五个性质

若 $A\sim B$，则

① $|A|=|B|$.

② $r(A)=r(B)$.

③ $\operatorname{tr}(A)=\operatorname{tr}(B)$.

④ $\lambda_A=\lambda_B$（或 $|\lambda E-A|=|\lambda E-B|$）.

⑤属于 λ_A 的线性无关的特征向量的个数等于属于 λ_B 的线性无关的特征向量的个数．

【注】（1）若①，②，③，④，⑤中至少有一个不成立，则 A 不相似于 B.

（2）性质⑤的两种证明方法如下．

证 **法一** 若 $A\sim B$，则 $\lambda E-A\sim\lambda E-B$，所以 $r(\lambda E-A)=r(\lambda E-B)$，故 $n-r(\lambda E-A)=n-r(\lambda E-B)$，即性质⑤成立．

法二 由 $A\sim B$，则存在可逆矩阵 P，使得 $P^{-1}AP=B$，若 A 属于 λ 的线性无关的特征向量是 ξ_1，ξ_2，…，ξ_s，可知 B 属于 λ 的线性无关的特征向量是 $P^{-1}\xi_1$，$P^{-1}\xi_2$，…，$P^{-1}\xi_s$，故 A 和 B 对应于特征值 λ 的线性无关的特征向量的个数相同．

2. 重要结论

（1）$A\sim B\Rightarrow A^{\mathrm{T}}\sim B^{\mathrm{T}}$，$A^*\sim B^*$，$A^{-1}\sim B^{-1}$（$A$ 可逆）.

（2）$A\sim B\Rightarrow A^m\sim B^m$，$f(A)\sim f(B)$.

【注】（1）由 $P^{-1}A^mP=B^m$，$P^{-1}f(A)P=f(B)$，有 $A^m=PB^mP^{-1}$，$f(A)=Pf(B)P^{-1}$.

若 $B=\Lambda$，则 $A^m=P\Lambda^mP^{-1}$，$f(A)=Pf(\Lambda)P^{-1}$.

（2）进一步地，若 $P^{-1}AP=B$ 且当 A 可逆时，记 $L(A)=af(A)\pm bA^{-1}\pm cA^*$，则 $P^{-1}L(A)P=L(B)$，即 $L(A)\sim L(B)$，且当 $b=0$ 时，不再要求 A 可逆．

（3）$A\sim B$，$B\sim\Lambda\Rightarrow A\sim\Lambda$.

【注】$P^{-1}AP=B$，$Q^{-1}BQ=\Lambda\Rightarrow Q^{-1}P^{-1}APQ=\Lambda\Rightarrow(PQ)^{-1}APQ=\Lambda$. 令 $PQ=C$，则 $C^{-1}AC=\Lambda$，考试中可能要求求出矩阵 C.

（4）$A\sim\Lambda$，$B\sim\Lambda\Rightarrow A\sim B$.

【注】$P^{-1}AP=\Lambda$，$Q^{-1}BQ=\Lambda \Rightarrow P^{-1}AP=Q^{-1}BQ \Rightarrow QP^{-1}APQ^{-1}=B \Rightarrow (PQ^{-1})^{-1}APQ^{-1}=B$. 令 $PQ^{-1}=C$，则 $C^{-1}AC=B$，考试中可能要求求出矩阵 C.

（5）$A\sim C$，$B\sim D \Rightarrow \begin{bmatrix} A & O \\ O & B \end{bmatrix} \sim \begin{bmatrix} C & O \\ O & D \end{bmatrix}$.

例 8.6　下列矩阵中，与矩阵 $\begin{bmatrix} 1 & 1 & 0 \\ 0 & 1 & 1 \\ 0 & 0 & 1 \end{bmatrix}$ 相似的为（　　）.

（A）$\begin{bmatrix} 1 & 1 & -1 \\ 0 & 1 & 1 \\ 0 & 0 & 1 \end{bmatrix}$　（B）$\begin{bmatrix} 1 & 0 & -1 \\ 0 & 1 & 1 \\ 0 & 0 & 1 \end{bmatrix}$　（C）$\begin{bmatrix} 1 & 1 & -1 \\ 0 & 1 & 0 \\ 0 & 0 & 1 \end{bmatrix}$　（D）$\begin{bmatrix} 1 & 0 & -1 \\ 0 & 1 & 0 \\ 0 & 0 & 1 \end{bmatrix}$

【解】应选（A）.

法一　设 $A=\begin{bmatrix} 1 & 1 & 0 \\ 0 & 1 & 1 \\ 0 & 0 & 1 \end{bmatrix}$，$A$ 和各选项中的矩阵都不相似于对角矩阵，对这样的两个矩阵，要判定它们相似一般没有简单的方法，而判定它们不相似一般是有简单办法的.

若 A 相似于 B，则 $A-E$ 相似于 $B-E$，从而 $r(A-E)=r(B-E)$.

$$A-E=\begin{bmatrix} 0 & 1 & 0 \\ 0 & 0 & 1 \\ 0 & 0 & 0 \end{bmatrix},\ r(A-E)=2,$$

当 B 取（B），（C），（D）中的任一矩阵时，$r(B-E)=1$，从而（B），（C），（D）都排除，故选（A）.

法二　矩阵 $\begin{bmatrix} 1 & 1 & 0 \\ 0 & 1 & 1 \\ 0 & 0 & 1 \end{bmatrix}$ 的特征值为 $\lambda=1$（3 重），其线性无关的特征向量只有 1 个.
（注：$|\lambda E-A|=(\lambda-1)^3=0$；$n-r(E-A)=3-2=1$）

将选项中的 4 个矩阵分别记为 A_1，A_2，A_3，A_4，它们都是以 $\lambda=1$ 为 3 重特征值的矩阵.

选项（A）中的矩阵 $\begin{bmatrix} 1 & 1 & -1 \\ 0 & 1 & 1 \\ 0 & 0 & 1 \end{bmatrix}$ 只有 1 个线性无关的特征向量；（注：$n-r(E-A_1)=3-2=1$）

选项（B）中的矩阵 $\begin{bmatrix} 1 & 0 & -1 \\ 0 & 1 & 1 \\ 0 & 0 & 1 \end{bmatrix}$ 有 2 个线性无关的特征向量；（注：$n-r(E-A_2)=3-1=2$）

选项（C）中的矩阵 $\begin{bmatrix} 1 & 1 & -1 \\ 0 & 1 & 0 \\ 0 & 0 & 1 \end{bmatrix}$ 也有 2 个线性无关的特征向量；（注：$n-r(E-A_3)=3-1=2$）

选项（D）中的矩阵$\begin{bmatrix}1&0&-1\\0&1&0\\0&0&1\end{bmatrix}$也有2个线性无关的特征向量．（$n-r(E-A_4)=3-1=2$）

根据“1. 五个性质”中的性质⑤，可知只有选项（A）符合要求．

例 8.7　已知$\boldsymbol{A}$是3阶矩阵，且$\boldsymbol{A}\sim\boldsymbol{\Lambda}=\begin{bmatrix}1&&\\&2&\\&&3\end{bmatrix}$．设$\boldsymbol{B}=\boldsymbol{A}^3-6\boldsymbol{A}^2+11\boldsymbol{A}-\boldsymbol{E}$，则$\boldsymbol{B}=$________．

【解】应填$5\boldsymbol{E}$.

由$\boldsymbol{A}\sim\boldsymbol{\Lambda}=\begin{bmatrix}1&&\\&2&\\&&3\end{bmatrix}$，知存在可逆矩阵$\boldsymbol{P}$，使得$\boldsymbol{P}^{-1}\boldsymbol{AP}=\boldsymbol{\Lambda}$，则

$$\begin{aligned}\boldsymbol{B}&=f(\boldsymbol{A})=\boldsymbol{P}f(\boldsymbol{\Lambda})\boldsymbol{P}^{-1}\\&=\boldsymbol{P}(\boldsymbol{\Lambda}^3-6\boldsymbol{\Lambda}^2+11\boldsymbol{\Lambda}-\boldsymbol{E})\boldsymbol{P}^{-1}\\&=\boldsymbol{P}\left(\begin{bmatrix}1&&\\&2&\\&&3\end{bmatrix}^3-6\begin{bmatrix}1&&\\&2&\\&&3\end{bmatrix}^2+11\begin{bmatrix}1&&\\&2&\\&&3\end{bmatrix}-\begin{bmatrix}1&&\\&1&\\&&1\end{bmatrix}\right)\boldsymbol{P}^{-1}\\&=\boldsymbol{P}\begin{bmatrix}1-6+11-1&&\\&8-24+22-1&\\&&27-54+33-1\end{bmatrix}\boldsymbol{P}^{-1}\\&=\boldsymbol{P}\begin{bmatrix}5&&\\&5&\\&&5\end{bmatrix}\boldsymbol{P}^{-1}=5\boldsymbol{E}.\end{aligned}$$

例 8.8　设$\boldsymbol{A}$，$\boldsymbol{B}$是可逆矩阵，且$\boldsymbol{A}$与$\boldsymbol{B}$相似，则下列结论错误的是（　　）．

（A）$\boldsymbol{A}^{\mathrm{T}}$与$\boldsymbol{B}^{\mathrm{T}}$相似　　（B）$\boldsymbol{A}^2+\boldsymbol{A}^{-1}$与$\boldsymbol{B}^2+\boldsymbol{B}^{-1}$相似

（C）$\boldsymbol{A}+\boldsymbol{A}^{\mathrm{T}}$与$\boldsymbol{B}+\boldsymbol{B}^{\mathrm{T}}$相似　　（D）$\boldsymbol{A}^*-\boldsymbol{A}^{-1}$与$\boldsymbol{B}^*-\boldsymbol{B}^{-1}$相似

【解】应选（C）．

由本讲的“二2（1）”和“二2（2）”的“注（2）”可知，（A），（B），（D）均正确，（C）错误．

例 8.9　设$\boldsymbol{A}$，$\boldsymbol{P}$均为3阶矩阵，$\boldsymbol{P}=[\boldsymbol{\gamma}_1,\boldsymbol{\gamma}_2,\boldsymbol{\gamma}_3]$，其中$\boldsymbol{\gamma}_1$，$\boldsymbol{\gamma}_2$，$\boldsymbol{\gamma}_3$为3维列向量且线性无关，若$\boldsymbol{A}[\boldsymbol{\gamma}_1,\boldsymbol{\gamma}_2,\boldsymbol{\gamma}_3]=[\boldsymbol{\gamma}_3,\boldsymbol{\gamma}_2,\boldsymbol{\gamma}_1]$．

（1）证明：$\boldsymbol{A}$可相似对角化；

（2）若$\boldsymbol{P}=\begin{bmatrix}1&-1&-1\\0&1&0\\0&3&1\end{bmatrix}$，求可逆矩阵$\boldsymbol{C}$，使得$\boldsymbol{C}^{-1}\boldsymbol{AC}=\boldsymbol{\Lambda}$，并写出对角矩阵$\boldsymbol{\Lambda}$.

（1）【证】记 $B=\begin{bmatrix}0&0&1\\0&1&0\\1&0&0\end{bmatrix}$，则由例 7.7 得 $A\sim B$，且 B 的特征值 $\lambda_1=\lambda_2=1$，$\lambda_3=-1$，B 的特征向量为

$$\xi_1=[1,0,1]^T,\ \xi_2=[0,1,0]^T,\ \xi_3=[1,0,-1]^T.$$

记 $Q=\begin{bmatrix}1&0&1\\0&1&0\\1&0&-1\end{bmatrix}$，则 $Q^{-1}BQ=\Lambda=\begin{bmatrix}1&&\\&1&\\&&-1\end{bmatrix}$，故 B 可相似对角化，即 $B\sim\Lambda$，由传递性知，$A\sim\Lambda$.

（2）【解】因为 $AP=PB$，所以 $B=P^{-1}AP$，由（1）知，

$$Q^{-1}BQ=Q^{-1}(P^{-1}AP)Q=\Lambda，即(PQ)^{-1}A(PQ)=\Lambda=\begin{bmatrix}1&&\\&1&\\&&-1\end{bmatrix}.$$

令 $C=PQ=\begin{bmatrix}1&-1&-1\\0&1&0\\0&3&1\end{bmatrix}\begin{bmatrix}1&0&1\\0&1&0\\1&0&-1\end{bmatrix}=\begin{bmatrix}0&-1&2\\0&1&0\\1&3&-1\end{bmatrix}$，即为所求.

例 8.10　设 3 阶矩阵 A 与 B 乘积可交换，α_1，α_2，α_3 是线性无关的 3 维列向量，且满足

$$A\alpha_1=\alpha_1+\alpha_2+\alpha_3,\ A\alpha_2=\alpha_3,\ A\alpha_3=2\alpha_2+\alpha_3.$$

（1）求 A 的全部特征值；

（2）证明：B 与对角矩阵相似.

（1）【解】$A[\alpha_1,\alpha_2,\alpha_3]=[\alpha_1,\alpha_2,\alpha_3]\begin{bmatrix}1&0&0\\1&0&2\\1&1&1\end{bmatrix}$，因为 α_1，α_2，α_3 线性无关，所以矩阵 $P=[\alpha_1,\alpha_2,\alpha_3]$ 可逆，且有

$$P^{-1}AP=C,\ C=\begin{bmatrix}1&0&0\\1&0&2\\1&1&1\end{bmatrix}.$$

由于 A 与 C 相似，因此 A 与 C 具有相同的特征值. 由

$$|\lambda E-C|=\begin{vmatrix}\lambda-1&0&0\\-1&\lambda&-2\\-1&-1&\lambda-1\end{vmatrix}=(\lambda-1)(\lambda+1)(\lambda-2)=0,$$

得特征值 $\lambda_1=-1$，$\lambda_2=1$，$\lambda_3=2$.

（2）【证】由（1）知 A 有 3 个互不相同的特征值，故 A 与对角矩阵相似，则 A 有 3 个线性无关的特征向量. 又因为 A 与 B 乘积可交换，故由第 7 讲“三（2）”中的“⑤”知，A 的特征向量都是 B 的特征向量，即 B 有 3 个线性无关的特征向量，因此 B 也与对角矩阵相似.

【注】(1) 若考解答题，则需证明第7讲“三(2)”中的“⑤”，不可直接使用.
(2) 设 $\lambda_i, \mu_i\ (i=1,2,3)$ 分别为 $\boldsymbol{A}$ 与 $\boldsymbol{B}$ 的特征值，且 λ_i 互不相等. 由于 $\boldsymbol{A}$ 与 $\boldsymbol{B}$ 有相同的特征向量，可设它们为 $\boldsymbol{\beta}_1, \boldsymbol{\beta}_2, \boldsymbol{\beta}_3$，则有

$$\boldsymbol{A}\boldsymbol{\beta}_i=\lambda_i\boldsymbol{\beta}_i,\ \boldsymbol{B}\boldsymbol{\beta}_i=\mu_i\boldsymbol{\beta}_i,\ i=1,2,3.$$

令 $\boldsymbol{Q}=[\boldsymbol{\beta}_1, \boldsymbol{\beta}_2, \boldsymbol{\beta}_3]$，则 $\boldsymbol{Q}$ 可逆，且

$$\boldsymbol{Q}^{-1}\boldsymbol{A}\boldsymbol{Q}=\boldsymbol{\Lambda}_1=\begin{bmatrix}\lambda_1 & & \\ & \lambda_2 & \\ & & \lambda_3\end{bmatrix},\ \boldsymbol{Q}^{-1}\boldsymbol{B}\boldsymbol{Q}=\boldsymbol{\Lambda}_2=\begin{bmatrix}\mu_1 & & \\ & \mu_2 & \\ & & \mu_3\end{bmatrix}.$$

三 实对称矩阵与正交矩阵

1. 实对称矩阵的重要结论

若 $\boldsymbol{A}$ 为实对称矩阵，则

①特征值均为实数，特征向量均为实向量.

②不同特征值对应的特征向量正交.

(即 $\lambda_1 \neq \lambda_2 \Rightarrow \xi_1 \perp \xi_2 \Rightarrow (\xi_1, \xi_2)=0$，建方程)

③可用正交矩阵相似对角化.

(即存在正交矩阵 $\boldsymbol{Q}$，使 $\boldsymbol{Q}^{-1}\boldsymbol{A}\boldsymbol{Q}=\boldsymbol{Q}^{\mathrm{T}}\boldsymbol{A}\boldsymbol{Q}=\boldsymbol{\Lambda}$)

【注】这里的正交矩阵 $\boldsymbol{Q}$ 是由 $\boldsymbol{A}$ 的单位正交化的特征向量组成的，$\boldsymbol{\Lambda}$ 是由 $\boldsymbol{A}$ 的特征值组成的，注意 $\boldsymbol{Q}$ 的每一列与 $\boldsymbol{\Lambda}$ 的每一个主对角线元素要对应.

④ $\boldsymbol{A}$ 为 n 阶实对称矩阵 $\Leftrightarrow$ $\boldsymbol{A}$ 有 n 个正交的特征向量.

【注】**证** 充分性是读者很熟悉的结论，但其必要性却鲜有人知.
(必要性) 设 $\boldsymbol{\beta}_1, \boldsymbol{\beta}_2, \cdots, \boldsymbol{\beta}_n$ 是 n 阶矩阵 $\boldsymbol{A}$ 的 n 个相互正交的特征向量(注意，n 个相互正交的特征向量必是 n 个线性无关的特征向量)，则该 n 阶矩阵 $\boldsymbol{A}$ 必可相似对角化，将相互正交的特征向量 $\boldsymbol{\beta}_1, \boldsymbol{\beta}_2, \cdots, \boldsymbol{\beta}_n$ 单位化处理成 $\boldsymbol{\gamma}_1, \boldsymbol{\gamma}_2, \cdots, \boldsymbol{\gamma}_n$，则 $\boldsymbol{\gamma}_1, \boldsymbol{\gamma}_2, \cdots, \boldsymbol{\gamma}_n$ 仍是该 n 阶矩阵 $\boldsymbol{A}$ 的特征向量. 令 $\boldsymbol{Q}=[\boldsymbol{\gamma}_1, \boldsymbol{\gamma}_2, \cdots, \boldsymbol{\gamma}_n]$，则 $\boldsymbol{Q}^{-1}\boldsymbol{A}\boldsymbol{Q}=\boldsymbol{\Lambda}$，从而 $\boldsymbol{A}=\boldsymbol{Q}\boldsymbol{\Lambda}\boldsymbol{Q}^{-1}$，进而 $\boldsymbol{A}^{\mathrm{T}}=(\boldsymbol{Q}\boldsymbol{\Lambda}\boldsymbol{Q}^{-1})^{\mathrm{T}}=(\boldsymbol{Q}^{-1})^{\mathrm{T}}\boldsymbol{\Lambda}^{\mathrm{T}}\boldsymbol{Q}^{\mathrm{T}}=(\boldsymbol{Q}^{\mathrm{T}})^{\mathrm{T}}\boldsymbol{\Lambda}\boldsymbol{Q}^{-1}=\boldsymbol{Q}\boldsymbol{\Lambda}\boldsymbol{Q}^{-1}=\boldsymbol{A}$，于是 $\boldsymbol{A}$ 是实对称矩阵.

2. 正交矩阵的重要结论

①若 $\boldsymbol{A}$ 为正交矩阵，则

$$\boldsymbol{A}^{\mathrm{T}}\boldsymbol{A}=\boldsymbol{E} \Leftrightarrow \boldsymbol{A}^{-1}=\boldsymbol{A}^{\mathrm{T}}$$

$$\Leftrightarrow \boldsymbol{A} \text{ 由规范正交基组成}$$

即组成 $\boldsymbol{A}$ 的每一行(列)均为两两正交的单位向量

$\Leftrightarrow \boldsymbol{A}^{\mathrm{T}}$ 是正交矩阵

$\Leftrightarrow \boldsymbol{A}^{-1}$ 是正交矩阵

$\Leftrightarrow \boldsymbol{A}^{*}$ 是正交矩阵

$\Leftrightarrow -\boldsymbol{A}$ 是正交矩阵.

②若 $\boldsymbol{A}$，$\boldsymbol{B}$ 为同阶正交矩阵，则 $\boldsymbol{AB}$ 为正交矩阵，$\boldsymbol{A}+\boldsymbol{B}$ 不一定为正交矩阵.

③若 $\boldsymbol{A}$ 为正交矩阵，则其实特征值的取值范围为 $\{-1, 1\}$.

【注】**证** 设 $\boldsymbol{A\alpha}=\lambda\boldsymbol{\alpha}$，$\boldsymbol{\alpha}\neq\boldsymbol{0}$，于是 $\boldsymbol{\alpha}^{\mathrm{T}}\boldsymbol{A}^{\mathrm{T}}=(\boldsymbol{A\alpha})^{\mathrm{T}}=(\lambda\boldsymbol{\alpha})^{\mathrm{T}}=\lambda\boldsymbol{\alpha}^{\mathrm{T}}$，因为 $\boldsymbol{A}^{\mathrm{T}}\boldsymbol{A}=\boldsymbol{E}$，从而 $\boldsymbol{\alpha}^{\mathrm{T}}\boldsymbol{\alpha}=\boldsymbol{\alpha}^{\mathrm{T}}\boldsymbol{A}^{\mathrm{T}}\boldsymbol{A\alpha}=(\lambda\boldsymbol{\alpha}^{\mathrm{T}})\lambda\boldsymbol{\alpha}=\lambda^2\boldsymbol{\alpha}^{\mathrm{T}}\boldsymbol{\alpha}$，则 $(1-\lambda^2)\boldsymbol{\alpha}^{\mathrm{T}}\boldsymbol{\alpha}=0$. 因为 $\boldsymbol{\alpha}$ 是实特征向量，所以 $\boldsymbol{\alpha}^{\mathrm{T}}\boldsymbol{\alpha}=x_1^2+x_2^2+\cdots+x_n^2>0$，可知 $\lambda^2=1$，由于 λ 是实数，故只能是 -1 或 1.

例 8.11 设 $\boldsymbol{A}$ 是 3 阶实对称矩阵，满足 $\boldsymbol{A}+\boldsymbol{A}^2+\dfrac{1}{2}\boldsymbol{A}^3=\boldsymbol{O}$，则 $r(\boldsymbol{A})=$________.

【解】应填 0.

设 λ 是 $\boldsymbol{A}$ 的任一特征值，则 $\lambda+\lambda^2+\dfrac{1}{2}\lambda^3=0$，解得 $\lambda=0$ 或 $\lambda=-1\pm\mathrm{i}$，其中 i 是虚数单位. 因为 $\boldsymbol{A}$ 是实对称矩阵，其特征值 λ 为实数，所以只能为 $\lambda=0$（三重），且 $\boldsymbol{A}$ 相似于对角矩阵 $\begin{bmatrix}0&&\\&0&\\&&0\end{bmatrix}$，故 $r(\boldsymbol{A})=0$.

例 8.12 设 $\boldsymbol{A}$ 为 3 阶正交矩阵，它的第一行第一列位置的元素是 1，又设 $\boldsymbol{\beta}=[1, 0, 0]^{\mathrm{T}}$，则方程组 $\boldsymbol{Ax}=\boldsymbol{\beta}$ 的解为________.

【解】应填 $\begin{bmatrix}1\\0\\0\end{bmatrix}$.

正交矩阵的几何背景：每一列（行）长度为1

$\boldsymbol{A}$ 为 3 阶正交矩阵且 $a_{11}=1$，则 $\boldsymbol{A}$ 可逆且 $\boldsymbol{A}=\begin{bmatrix}1&0&0\\0&a_{22}&a_{23}\\0&a_{32}&a_{33}\end{bmatrix}$，根据克拉默法则知，$\boldsymbol{Ax}=\boldsymbol{\beta}$ 有唯一解，且

$$\boldsymbol{x}=\boldsymbol{A}^{-1}\boldsymbol{\beta}=\boldsymbol{A}^{\mathrm{T}}\boldsymbol{\beta}=\begin{bmatrix}1&0&0\\0&a_{22}&a_{32}\\0&a_{23}&a_{33}\end{bmatrix}\begin{bmatrix}1\\0\\0\end{bmatrix}=\begin{bmatrix}1\\0\\0\end{bmatrix}.$$

例 8.13 设 $\boldsymbol{A}$ 为 n 阶正交矩阵，则以下两个命题

①若 $|\boldsymbol{A}|=-1$，则 -1 是 $\boldsymbol{A}$ 的特征值；

②若 $|\boldsymbol{A}|=1$，则 1 是 $\boldsymbol{A}$ 的特征值.

说法正确的是（　　）.

（A）①正确，②也正确　　（B）①正确，②不正确

（C）①不正确，②正确　　（D）①不正确，②也不正确

【解】应选（B）.

因为 $\boldsymbol{A}$ 为正交矩阵，故 $\boldsymbol{A}^{\mathrm{T}}=\boldsymbol{A}^{-1}$.

若 $|\boldsymbol{A}|=-1$，则

$$|-\boldsymbol{E}-\boldsymbol{A}|=|-\boldsymbol{A}\boldsymbol{A}^{\mathrm{T}}-\boldsymbol{A}|=|\boldsymbol{A}(-\boldsymbol{A}^{\mathrm{T}}-\boldsymbol{E})|$$
$$=|\boldsymbol{A}||(-\boldsymbol{E}-\boldsymbol{A})^{\mathrm{T}}|=-|-\boldsymbol{E}-\boldsymbol{A}|,$$

所以 $|-\boldsymbol{E}-\boldsymbol{A}|=0$，故 -1 是 $\boldsymbol{A}$ 的特征值 . ①正确 .

若 $|\boldsymbol{A}|=1$，则

$$|\boldsymbol{E}-\boldsymbol{A}|=|\boldsymbol{A}\boldsymbol{A}^{\mathrm{T}}-\boldsymbol{A}|=|\boldsymbol{A}(\boldsymbol{A}^{\mathrm{T}}-\boldsymbol{E})|=|\boldsymbol{A}||-(\boldsymbol{E}-\boldsymbol{A})^{\mathrm{T}}|$$
$$=(-1)^{n}|\boldsymbol{A}||\boldsymbol{E}-\boldsymbol{A}|=(-1)^{n}|\boldsymbol{E}-\boldsymbol{A}|,$$

当 n 为奇数时，$|\boldsymbol{E}-\boldsymbol{A}|=0$，此时 1 是 $\boldsymbol{A}$ 的特征值，当 n 为偶数时，未必有 $|\boldsymbol{E}-\boldsymbol{A}|=0$，此时 1 未必是 $\boldsymbol{A}$ 的特征值 . 故②不正确 .

例 8.14 设 $\boldsymbol{A}$ 是 3 阶实对称矩阵，已知 $\boldsymbol{A}$ 的每行元素之和为 3，且有二重特征值 $\lambda_1=\lambda_2=1$. 求 $\boldsymbol{A}$ 的全部特征值、特征向量，并求 $\boldsymbol{A}^n$.

【解】**法一** $\boldsymbol{A}$ 是 3 阶矩阵，每行元素之和为 3，即有

$$\boldsymbol{A}\begin{bmatrix}1\\1\\1\end{bmatrix}=\begin{bmatrix}3\\3\\3\end{bmatrix}=3\begin{bmatrix}1\\1\\1\end{bmatrix},$$

故知 $\boldsymbol{A}$ 有特征值 $\lambda_3=3$，对应的特征向量为 $\boldsymbol{\xi}_3=[1,1,1]^{\mathrm{T}}$，所以对应于 $\lambda_3=3$ 的全部特征向量为 $k_3\boldsymbol{\xi}_3$（k_3 为任意非零常数）.

又 $\boldsymbol{A}$ 是实对称矩阵，不同特征值对应的特征向量正交，故设 $\lambda_1=\lambda_2=1$ 对应的特征向量为 $\boldsymbol{\xi}=[x_1,x_2,x_3]^{\mathrm{T}}$，于是

$$\boldsymbol{\xi}_3^{\mathrm{T}}\boldsymbol{\xi}=x_1+x_2+x_3=0,$$

解得 $\lambda_1=\lambda_2=1$ 的线性无关的特征向量为

$$\boldsymbol{\xi}_1=[-1,1,0]^{\mathrm{T}},\ \boldsymbol{\xi}_2=[-1,0,1]^{\mathrm{T}}.$$

所以对应于 $\lambda_1=\lambda_2=1$ 的全部特征向量为 $k_1\boldsymbol{\xi}_1+k_2\boldsymbol{\xi}_2$（$k_1$，$k_2$ 为不全为零的任意常数）.

取 $\boldsymbol{P}=[\boldsymbol{\xi}_1,\boldsymbol{\xi}_2,\boldsymbol{\xi}_3]=\begin{bmatrix}-1&-1&1\\1&0&1\\0&1&1\end{bmatrix}$，则 $\boldsymbol{P}^{-1}\boldsymbol{A}\boldsymbol{P}=\boldsymbol{\Lambda}=\begin{bmatrix}1&&\\&1&\\&&3\end{bmatrix}$，故

$$\boldsymbol{A}=\boldsymbol{P}\boldsymbol{\Lambda}\boldsymbol{P}^{-1},\ \boldsymbol{A}^n=\boldsymbol{P}\boldsymbol{\Lambda}\boldsymbol{P}^{-1}\cdots\boldsymbol{P}\boldsymbol{\Lambda}\boldsymbol{P}^{-1}=\boldsymbol{P}\boldsymbol{\Lambda}^n\boldsymbol{P}^{-1},$$

其中 $\boldsymbol{P}^{-1}$ 可如下求得：

$$\left[\begin{array}{ccc:ccc}-1&-1&1&1&0&0\\1&0&1&0&1&0\\0&1&1&0&0&1\end{array}\right]\xrightarrow{\text{互换}}\left[\begin{array}{ccc:ccc}1&0&1&0&1&0\\-1&-1&1&1&0&0\\0&1&1&0&0&1\end{array}\right]\xrightarrow{\text{互换}}\left[\begin{array}{ccc:ccc}1&0&1&0&1&0\\0&1&1&0&0&1\\-1&-1&1&1&0&0\end{array}\right]\ \text{1倍加至}$$

$$\to\left[\begin{array}{ccc|ccc}1&0&1&0&1&0\\0&1&1&0&0&1\\0&-1&2&1&1&0\end{array}\right]\to\left[\begin{array}{ccc|ccc}1&0&1&0&1&0\\0&1&1&0&0&1\\0&0&3&1&1&1\end{array}\right]\to\left[\begin{array}{ccc|ccc}1&0&1&0&1&0\\0&1&1&0&0&1\\0&0&1&\frac{1}{3}&\frac{1}{3}&\frac{1}{3}\end{array}\right]$$

1倍加至；$\times\frac{1}{3}$；(−1)倍加至；(−1)倍加至

$$\to\left[\begin{array}{ccc|ccc}1&0&0&-\frac{1}{3}&\frac{2}{3}&-\frac{1}{3}\\0&1&0&-\frac{1}{3}&-\frac{1}{3}&\frac{2}{3}\\0&0&1&\frac{1}{3}&\frac{1}{3}&\frac{1}{3}\end{array}\right],$$

则 $\boldsymbol{P}^{-1}=\frac{1}{3}\begin{bmatrix}-1&2&-1\\-1&-1&2\\1&1&1\end{bmatrix}$，故

$$\boldsymbol{A}^n=\boldsymbol{P}\boldsymbol{\Lambda}^n\boldsymbol{P}^{-1}=\frac{1}{3}\begin{bmatrix}-1&-1&1\\1&0&1\\0&1&1\end{bmatrix}\begin{bmatrix}1&&\\&1&\\&&3\end{bmatrix}^n\begin{bmatrix}-1&2&-1\\-1&-1&2\\1&1&1\end{bmatrix}$$

$$=\frac{1}{3}\begin{bmatrix}-1&-1&1\\1&0&1\\0&1&1\end{bmatrix}\begin{bmatrix}1&&\\&1&\\&&3^n\end{bmatrix}\begin{bmatrix}-1&2&-1\\-1&-1&2\\1&1&1\end{bmatrix}$$

$$=\frac{1}{3}\begin{bmatrix}2+3^n&-1+3^n&-1+3^n\\-1+3^n&2+3^n&-1+3^n\\-1+3^n&-1+3^n&2+3^n\end{bmatrix}.$$

法二 由法一得，$\boldsymbol{A}\boldsymbol{\xi}_3=\lambda_3\boldsymbol{\xi}_3$，其中 $\lambda_3=3$，$\boldsymbol{\xi}_3=[1,1,1]^{\mathrm{T}}$. 所以对应于 $\lambda_3=3$ 的全部特征向量为 $k_3\boldsymbol{\xi}_3$（k_3 为任意非零常数）.

设 $\lambda_1=\lambda_2=1$ 对应的特征向量为 $\boldsymbol{\xi}=[x_1,x_2,x_3]^{\mathrm{T}}$，则

$$\boldsymbol{\xi}_3^{\mathrm{T}}\boldsymbol{\xi}=x_1+x_2+x_3=0,$$

取 $\boldsymbol{\xi}_1=[1,-1,0]^{\mathrm{T}}$，再取 $\boldsymbol{\xi}_2$ 与 $\boldsymbol{\xi}_1$ 正交，设 $\boldsymbol{\xi}_2=[1,1,x]^{\mathrm{T}}$，代入上式得 $\boldsymbol{\xi}_2=[1,1,-2]^{\mathrm{T}}$，所以对应于 $\lambda_1=\lambda_2=1$ 的全部特征向量为 $k_1\boldsymbol{\xi}_1+k_2\boldsymbol{\xi}_2$（$k_1$，$k_2$ 为不全为零的任意常数）.

将 $\boldsymbol{\xi}_1$，$\boldsymbol{\xi}_2$，$\boldsymbol{\xi}_3$ 单位化，并取正交矩阵

$$\boldsymbol{Q}=[\boldsymbol{\xi}_1^{\circ},\boldsymbol{\xi}_2^{\circ},\boldsymbol{\xi}_3^{\circ}]=\begin{bmatrix}\frac{1}{\sqrt{2}}&\frac{1}{\sqrt{6}}&\frac{1}{\sqrt{3}}\\-\frac{1}{\sqrt{2}}&\frac{1}{\sqrt{6}}&\frac{1}{\sqrt{3}}\\0&-\frac{2}{\sqrt{6}}&\frac{1}{\sqrt{3}}\end{bmatrix},$$

则

$$\boldsymbol{Q}^{-1}\boldsymbol{A}\boldsymbol{Q}=\boldsymbol{Q}^{\mathrm{T}}\boldsymbol{A}\boldsymbol{Q}=\begin{bmatrix}1&&\\&1&\\&&3\end{bmatrix}=\boldsymbol{\Lambda},$$

$$A^n=Q\Lambda^nQ^T=\begin{bmatrix}\frac{1}{\sqrt{2}}&\frac{1}{\sqrt{6}}&\frac{1}{\sqrt{3}}\\-\frac{1}{\sqrt{2}}&\frac{1}{\sqrt{6}}&\frac{1}{\sqrt{3}}\\0&-\frac{2}{\sqrt{6}}&\frac{1}{\sqrt{3}}\end{bmatrix}\begin{bmatrix}1&&\\&1&\\&&3^n\end{bmatrix}\begin{bmatrix}\frac{1}{\sqrt{2}}&-\frac{1}{\sqrt{2}}&0\\\frac{1}{\sqrt{6}}&\frac{1}{\sqrt{6}}&-\frac{2}{\sqrt{6}}\\\frac{1}{\sqrt{3}}&\frac{1}{\sqrt{3}}&\frac{1}{\sqrt{3}}\end{bmatrix}$$

$$=\frac{1}{3}\begin{bmatrix}2+3^n&-1+3^n&-1+3^n\\-1+3^n&2+3^n&-1+3^n\\-1+3^n&-1+3^n&2+3^n\end{bmatrix}.$$

法三 由法一得，A 的特征值为 1，1，3，A 的对应于 $\lambda_3=3$ 的特征向量为 $\xi_3=[1,1,1]^T$，则 A^n 的特征值为 $1,1,3^n$，A^n-E 的特征值为 $0,0,3^n-1$，其对应于 3^n-1 的特征向量仍为 $\xi_3=[1,1,1]^T$，单位化得 $\eta=\frac{1}{\sqrt{3}}[1,1,1]^T=\frac{1}{\sqrt{3}}\xi_3$.

从而由实对称矩阵的相关结论（见注（2））得，

$$A^n-E=(3^n-1)\eta\eta^T=(3^n-1)\frac{1}{\sqrt{3}}\xi_3\frac{1}{\sqrt{3}}\xi_3^T=\frac{1}{3}(3^n-1)\begin{bmatrix}1&1&1\\1&1&1\\1&1&1\end{bmatrix},$$

故 $A^n=\frac{1}{3}(3^n-1)\begin{bmatrix}1&1&1\\1&1&1\\1&1&1\end{bmatrix}+E=\frac{1}{3}\begin{bmatrix}2+3^n&-1+3^n&-1+3^n\\-1+3^n&2+3^n&-1+3^n\\-1+3^n&-1+3^n&2+3^n\end{bmatrix}.$

【注】(1) 因为 A 是实对称矩阵，所以不同特征值对应的特征向量正交，且不仅存在可逆矩阵 P，使 $P^{-1}AP=\Lambda$，还存在正交矩阵 Q，使

$$Q^{-1}AQ=Q^TAQ=\Lambda.$$

法二中利用正交矩阵 Q 有 $Q^{-1}=Q^T$，避免了用初等变换求逆矩阵，较简便.

(2) 设 n 阶实对称矩阵 A 属于特征值 $\lambda_1,\lambda_2,\cdots,\lambda_n$ 的单位正交特征向量为 $\xi_1,\xi_2,\cdots,\xi_n$，则

$$A=\lambda_1\xi_1\xi_1^T+\lambda_2\xi_2\xi_2^T+\cdots+\lambda_n\xi_n\xi_n^T.$$

证 令 $Q=[\xi_1,\xi_2,\cdots,\xi_n]$，有 $Q^TAQ=\Lambda$，即

$$A=Q\Lambda Q^T=[\xi_1,\xi_2,\cdots,\xi_n]\begin{bmatrix}\lambda_1&&&\\&\lambda_2&&\\&&\ddots&\\&&&\lambda_n\end{bmatrix}\begin{bmatrix}\xi_1^T\\\xi_2^T\\\vdots\\\xi_n^T\end{bmatrix}$$

$$=\lambda_1\xi_1\xi_1^T+\lambda_2\xi_2\xi_2^T+\cdots+\lambda_n\xi_n\xi_n^T.$$

例 8.15 设 α,β 是 3 维单位正交列向量组，$A=\alpha\beta^T+\beta\alpha^T$.

（1）证明：A 可相似对角化；

(2)若 $\boldsymbol{\alpha}=\begin{bmatrix}\frac{\sqrt{2}}{2}\\0\\\frac{\sqrt{2}}{2}\end{bmatrix}$，$\boldsymbol{\beta}=\begin{bmatrix}0\\1\\0\end{bmatrix}$，求正交矩阵 $\boldsymbol{C}$，使得 $\boldsymbol{C}^{\mathrm{T}}\boldsymbol{A}^{*}\boldsymbol{C}$ 为对角矩阵，并求此对角矩阵 .

(1)【证】$\boldsymbol{A}^{\mathrm{T}}=(\boldsymbol{\alpha}\boldsymbol{\beta}^{\mathrm{T}}+\boldsymbol{\beta}\boldsymbol{\alpha}^{\mathrm{T}})^{\mathrm{T}}=\boldsymbol{\beta}\boldsymbol{\alpha}^{\mathrm{T}}+\boldsymbol{\alpha}\boldsymbol{\beta}^{\mathrm{T}}=\boldsymbol{A}$，即 $\boldsymbol{A}$ 为实对称矩阵，必可相似对角化 .

(2)【解】因为 $\boldsymbol{\alpha}$，$\boldsymbol{\beta}$ 是单位正交列向量组，所以

$$\boldsymbol{A}\boldsymbol{\alpha}=(\boldsymbol{\alpha}\boldsymbol{\beta}^{\mathrm{T}}+\boldsymbol{\beta}\boldsymbol{\alpha}^{\mathrm{T}})\boldsymbol{\alpha}=\boldsymbol{\beta}, \tag{①}$$

$$\boldsymbol{A}\boldsymbol{\beta}=(\boldsymbol{\alpha}\boldsymbol{\beta}^{\mathrm{T}}+\boldsymbol{\beta}\boldsymbol{\alpha}^{\mathrm{T}})\boldsymbol{\beta}=\boldsymbol{\alpha}, \tag{②}$$

① + ②得 $\boldsymbol{A}(\boldsymbol{\alpha}+\boldsymbol{\beta})=1(\boldsymbol{\alpha}+\boldsymbol{\beta})$，① − ②得 $\boldsymbol{A}(\boldsymbol{\alpha}-\boldsymbol{\beta})=(-1)(\boldsymbol{\alpha}-\boldsymbol{\beta})$.

又 $\boldsymbol{\alpha}$ 与 $\boldsymbol{\beta}$ 正交，$\boldsymbol{\alpha}$ 与 $\boldsymbol{\beta}$ 线性无关，$\boldsymbol{\alpha}+\boldsymbol{\beta}\neq\boldsymbol{0}$，$\boldsymbol{\alpha}-\boldsymbol{\beta}\neq\boldsymbol{0}$，于是 1，−1 是 $\boldsymbol{A}$ 的两个特征值，且 $\boldsymbol{\alpha}+\boldsymbol{\beta}$，$\boldsymbol{\alpha}-\boldsymbol{\beta}$ 分别为对应的特征向量 .

又 $r(\boldsymbol{A})\leqslant r(\boldsymbol{\alpha}\boldsymbol{\beta}^{\mathrm{T}})+r(\boldsymbol{\beta}\boldsymbol{\alpha}^{\mathrm{T}})\leqslant r(\boldsymbol{\alpha})+r(\boldsymbol{\beta})=2$，所以 $\boldsymbol{A}\boldsymbol{x}=\boldsymbol{0}$ 必有非零解 . 设 $\boldsymbol{\gamma}$ 是齐次线性方程组 $\boldsymbol{A}\boldsymbol{x}=\boldsymbol{0}$ 的一个非零解，即有 $\boldsymbol{A}\boldsymbol{\gamma}=0\boldsymbol{\gamma}$，于是 0 是 $\boldsymbol{A}$ 的一个特征值，$\boldsymbol{\gamma}$ 是其对应的特征向量 .

设 $\boldsymbol{\gamma}=[x_1, x_2, x_3]^{\mathrm{T}}$，由 $(\boldsymbol{\gamma}, \boldsymbol{\alpha}+\boldsymbol{\beta})=0$，$(\boldsymbol{\gamma}, \boldsymbol{\alpha}-\boldsymbol{\beta})=0$，其中

$$\boldsymbol{\alpha}+\boldsymbol{\beta}=\begin{bmatrix}\frac{\sqrt{2}}{2}\\1\\\frac{\sqrt{2}}{2}\end{bmatrix},\ \boldsymbol{\alpha}-\boldsymbol{\beta}=\begin{bmatrix}\frac{\sqrt{2}}{2}\\-1\\\frac{\sqrt{2}}{2}\end{bmatrix},$$

有
$$\begin{cases}\frac{\sqrt{2}}{2}x_1+x_2+\frac{\sqrt{2}}{2}x_3=0,\\\frac{\sqrt{2}}{2}x_1-x_2+\frac{\sqrt{2}}{2}x_3=0,\end{cases}$$

解得 $\boldsymbol{\gamma}=[-1, 0, 1]^{\mathrm{T}}$. 单位化，有

$$\boldsymbol{\eta}_1=\frac{1}{\sqrt{2}}(\boldsymbol{\alpha}+\boldsymbol{\beta})=\begin{bmatrix}\frac{1}{2}\\\frac{\sqrt{2}}{2}\\\frac{1}{2}\end{bmatrix},\ \boldsymbol{\eta}_2=\frac{1}{\sqrt{2}}(\boldsymbol{\alpha}-\boldsymbol{\beta})=\begin{bmatrix}\frac{1}{2}\\-\frac{\sqrt{2}}{2}\\\frac{1}{2}\end{bmatrix},\ \boldsymbol{\eta}_3=\begin{bmatrix}-\frac{\sqrt{2}}{2}\\0\\\frac{\sqrt{2}}{2}\end{bmatrix},$$

记 $\boldsymbol{C}=[\boldsymbol{\eta}_1, \boldsymbol{\eta}_2, \boldsymbol{\eta}_3]$，则 $\boldsymbol{C}^{\mathrm{T}}\boldsymbol{A}\boldsymbol{C}=\boldsymbol{C}^{-1}\boldsymbol{A}\boldsymbol{C}=\begin{bmatrix}1&&\\&-1&\\&&0\end{bmatrix}=\boldsymbol{\Lambda}$，故 $\boldsymbol{A}\sim\boldsymbol{\Lambda}$.

由本讲“二 2(2)”的“注(2)”，得 $\boldsymbol{A}^{*}\sim\boldsymbol{\Lambda}^{*}$，且

$$\boldsymbol{C}^{\mathrm{T}}\boldsymbol{A}^{*}\boldsymbol{C}=\boldsymbol{C}^{-1}\boldsymbol{A}^{*}\boldsymbol{C}=\boldsymbol{\Lambda}^{*}=\begin{bmatrix}0&0&0\\0&0&0\\0&0&-1\end{bmatrix}.$$

第9讲 二次型

知识结构

- 二次型及其标准形、规范形
  - 二次型的矩阵表示及其秩 — $f(\boldsymbol{x})=\boldsymbol{x}^{\mathrm{T}}\boldsymbol{A}\boldsymbol{x}$，其中$\boldsymbol{A}=\boldsymbol{A}^{\mathrm{T}}$，$\boldsymbol{A}$的秩称为二次型$f$的秩
  - 线性变换 — $\boldsymbol{x}=\boldsymbol{C}\boldsymbol{y}$
  - 二次型的标准形、规范形
    - 定义
      - ①标准形$d_1x_1^2+d_2x_2^2+\cdots+d_nx_n^2$
      - ②规范形$x_1^2+\cdots+x_p^2-x_{p+1}^2-\cdots-x_{p+q}^2$
    - 重要结论
      - ①任何二次型$f=\boldsymbol{x}^{\mathrm{T}}\boldsymbol{A}\boldsymbol{x}$均可通过配方法（作可逆线性变换$\boldsymbol{x}=\boldsymbol{C}\boldsymbol{y}$）化成标准形$k_1y_1^2+k_2y_2^2+\cdots+k_ny_n^2$或规范形$y_1^2+\cdots+y_p^2-y_{p+1}^2-\cdots-y_{p+q}^2$
      - ②任何二次型$f=\boldsymbol{x}^{\mathrm{T}}\boldsymbol{A}\boldsymbol{x}$也可以通过正交变换$\boldsymbol{x}=\boldsymbol{Q}\boldsymbol{y}$化成标准形$\lambda_1y_1^2+\lambda_2y_2^2+\cdots+\lambda_ny_n^2$
      - ③（惯性定理）无论选取什么样的可逆线性变换，将二次型化成标准形或规范形，其正项个数p，负项个数q都是不变的，p称为正惯性指数，q称为负惯性指数
- 配方法
  - 含平方项 — 将某个变量的平方项及与其有关的混合项合并在一起，配成一个完全平方项．如法炮制，直到配完
  - 不含平方项 — 创造平方项，如含有x_1x_2项，令$\begin{cases}x_1=y_1+y_2,\\x_2=y_1-y_2,\end{cases}$使$x_1x_2=y_1^2-y_2^2$，出现平方项，再按含平方项的方法配方
  - 矩阵语言 — 对实对称矩阵$\boldsymbol{A}$，必存在可逆矩阵$\boldsymbol{C}$，使得$\boldsymbol{C}^{\mathrm{T}}\boldsymbol{A}\boldsymbol{C}=\boldsymbol{\Lambda}$，其中$\boldsymbol{\Lambda}$是对角矩阵

- 正交变换法
  - 基本步骤
    - ①在确定 $\boldsymbol{A}$ 是实对称矩阵的条件下，求 $\boldsymbol{A}$ 的特征值 λ_1，λ_2，…，λ_n
    - ②求 $\boldsymbol{A}$ 对应于特征值 λ_1，λ_2，…，λ_n 的特征向量 $\boldsymbol{\xi}_1$，$\boldsymbol{\xi}_2$，…，$\boldsymbol{\xi}_n$
    - ③将 $\boldsymbol{\xi}_1$，$\boldsymbol{\xi}_2$，…，$\boldsymbol{\xi}_n$ 正交化（若需要的话）、单位化为 $\boldsymbol{\eta}_1$，$\boldsymbol{\eta}_2$，…$\boldsymbol{\eta}_n$
    - ④令 $\boldsymbol{Q}=[\boldsymbol{\eta}_1, \boldsymbol{\eta}_2, \cdots, \boldsymbol{\eta}_n]$，则 $\boldsymbol{Q}$ 为正交矩阵，且 $\boldsymbol{Q}^{-1}\boldsymbol{AQ}=\boldsymbol{Q}^{\mathrm{T}}\boldsymbol{AQ}=\boldsymbol{\Lambda}$.
      于是 $f=\boldsymbol{x}^{\mathrm{T}}\boldsymbol{Ax}\xlongequal{\boldsymbol{x}=\boldsymbol{Qy}}(\boldsymbol{Qy})^{\mathrm{T}}\boldsymbol{A}(\boldsymbol{Qy})=\boldsymbol{y}^{\mathrm{T}}\boldsymbol{Q}^{\mathrm{T}}\boldsymbol{AQy}=\boldsymbol{y}^{\mathrm{T}}\boldsymbol{\Lambda y}$
  - 反求参数，$\boldsymbol{A}$（或 f）
  - 最值问题 — $\boldsymbol{A}$ 的特征值大小排序为 $\lambda_1\leqslant\lambda_2\leqslant\cdots\leqslant\lambda_n$
    - ① $\lambda_1\boldsymbol{x}^{\mathrm{T}}\boldsymbol{x}\leqslant\boldsymbol{x}^{\mathrm{T}}\boldsymbol{Ax}\leqslant\lambda_n\boldsymbol{x}^{\mathrm{T}}\boldsymbol{x}$
    - ②若 $\boldsymbol{x}^{\mathrm{T}}\boldsymbol{x}=1$，则 $f_{\min}=\lambda_1$，$f_{\max}=\lambda_n$
  - 几何应用（仅数学一）
    - ① λ_1，λ_2，λ_3 的符号为 3 正，$f(x_1, x_2, x_3)=1$ 为椭球面
    - ② λ_1，λ_2，λ_3 的符号为 2 正 1 负，$f(x_1, x_2, x_3)=1$ 为单叶双曲面
    - ③ λ_1，λ_2，λ_3 的符号为 1 正 2 负，$f(x_1, x_2, x_3)=1$ 为双叶双曲面
    - ④ λ_1，λ_2，λ_3 的符号为 2 正 1 零，$f(x_1, x_2, x_3)=1$ 为椭圆柱面
    - ⑤ λ_1，λ_2，λ_3 的符号为 1 正 1 负 1 零，$f(x_1, x_2, x_3)=1$ 为双曲柱面
- 实对称矩阵的合同
  - ①同阶实对称矩阵 $\boldsymbol{A}$，$\boldsymbol{B}$ 合同的判定 . 用定义法；用正、负惯性指数；用传递性；用相似
  - ②已知 $\boldsymbol{A}$，$\boldsymbol{\Lambda}$（$\boldsymbol{\Lambda}$ 是对角矩阵），求可逆矩阵 $\boldsymbol{C}$，使得 $\boldsymbol{C}^{\mathrm{T}}\boldsymbol{AC}=\boldsymbol{\Lambda}$
  - ③已知 $\boldsymbol{A}$，$\boldsymbol{B}$（$\boldsymbol{B}$ 不是对角矩阵），求可逆矩阵 $\boldsymbol{C}$，使得 $\boldsymbol{C}^{\mathrm{T}}\boldsymbol{AC}=\boldsymbol{B}$
- 正定二次型
  - 前提 — $\boldsymbol{A}=\boldsymbol{A}^{\mathrm{T}}$
  - 二次型 $f=\boldsymbol{x}^{\mathrm{T}}\boldsymbol{Ax}$ 正定的充要条件
    - ①对任意的 $\boldsymbol{x}\neq\boldsymbol{0}$，有 $\boldsymbol{x}^{\mathrm{T}}\boldsymbol{Ax}>0$（定义）
    - ② $\boldsymbol{A}$ 的特征值 $\lambda_i>0$（$i=1, 2, \cdots, n$）
    - ③ f 的正惯性指数 $p=n$
    - ④存在可逆矩阵 $\boldsymbol{D}$，使得 $\boldsymbol{A}=\boldsymbol{D}^{\mathrm{T}}\boldsymbol{D}$
    - ⑤ $\boldsymbol{A}$ 与 $\boldsymbol{E}$ 合同
    - ⑥ $\boldsymbol{A}$ 的各阶顺序主子式均大于 0
  - 二次型 $f=\boldsymbol{x}^{\mathrm{T}}\boldsymbol{Ax}$ 正定的必要条件
    - ① $a_{ii}>0$（$i=1, 2, \cdots, n$）
    - ② $|\boldsymbol{A}|>0$
  - 重要结论
    - ①若 $\boldsymbol{A}$ 正定，则 $\boldsymbol{A}^{-1}$，$\boldsymbol{A}^{*}$，$\boldsymbol{A}^{m}$（m 为正整数），$k\boldsymbol{A}$（$k>0$），$\boldsymbol{C}^{\mathrm{T}}\boldsymbol{AC}$（$\boldsymbol{C}$ 可逆）均正定
    - ②若 $\boldsymbol{A}$，$\boldsymbol{B}$ 正定，则 $\boldsymbol{A}+\boldsymbol{B}$ 正定，$\begin{bmatrix}\boldsymbol{A} & \boldsymbol{O}\\ \boldsymbol{O} & \boldsymbol{B}\end{bmatrix}$ 正定
    - ③若 $\boldsymbol{A}$，$\boldsymbol{B}$ 正定，则 $\boldsymbol{AB}$ 正定的充要条件是 $\boldsymbol{AB}=\boldsymbol{BA}$
    - ④若 $\boldsymbol{A}$ 正定且是正交矩阵，则 $\boldsymbol{A}=\boldsymbol{E}$

1. 二次型的矩阵表示及其秩

含有 n 个变量 x_1，x_2，…，x_n 的二次齐次函数

$$f(x_1, x_2, \cdots, x_n)=a_{11}x_1^2+a_{22}x_2^2+\cdots+a_{nn}x_n^2+2a_{12}x_1x_2+2a_{13}x_1x_3+\cdots+2a_{n-1,n}x_{n-1}x_n$$

称为二次型 .

当 $j>i$ 时，取 $a_{ji}=a_{ij}$，则 $2a_{ij}x_ix_j=a_{ij}x_ix_j+a_{ji}x_jx_i$，故上式可写成

$$f(x_1, x_2, \cdots, x_n)=\sum_{i=1}^{n}\sum_{j=1}^{n}a_{ij}x_ix_j.$$

当 a_{ij} 为实数时，f 称为实二次型 .

对于二次型 $f(x_1, x_2, \cdots, x_n)=\sum_{i=1}^{n}\sum_{j=1}^{n}a_{ij}x_ix_j$，其中 $a_{ij}=a_{ji}$，记

$$\boldsymbol{A}=\begin{bmatrix} a_{11} & a_{12} & \cdots & a_{1n} \\ a_{21} & a_{22} & \cdots & a_{2n} \\ \vdots & \vdots & & \vdots \\ a_{n1} & a_{n2} & \cdots & a_{nn} \end{bmatrix}, \quad \boldsymbol{x}=\begin{bmatrix} x_1 \\ x_2 \\ \vdots \\ x_n \end{bmatrix},$$

则二次型 f 可表示为

$$f=\boldsymbol{x}^{\mathrm{T}}\boldsymbol{A}\boldsymbol{x},$$

其中 $\boldsymbol{A}$ 为 n 阶实对称矩阵，即 $\boldsymbol{A}^{\mathrm{T}}=\boldsymbol{A}$，$\boldsymbol{A}$ 称为二次型 f 的矩阵，$\boldsymbol{A}$ 的秩称为二次型 f 的秩 .

例 9.1 设 $\boldsymbol{A}$ 为 n 阶实对称矩阵，$r(\boldsymbol{A})=n$，A_{ij} 是 $\boldsymbol{A}=(a_{ij})_{n\times n}$ 中元素 a_{ij} 的代数余子式（i，$j=1, 2, \cdots, n$），二次型

$$f(x_1, x_2, \cdots, x_n)=\sum_{i=1}^{n}\sum_{j=1}^{n}\frac{A_{ij}}{|\boldsymbol{A}|}x_ix_j.$$

记 $\boldsymbol{x}=[x_1, x_2, \cdots, x_n]^{\mathrm{T}}$，把 $f(x_1, x_2, \cdots, x_n)$ 写成矩阵形式，并证明二次型 $f(\boldsymbol{x})$ 的矩阵为 $\boldsymbol{A}^{-1}$.

【解】因 $r(\boldsymbol{A})=n$，故 $\boldsymbol{A}$ 可逆，且 $\boldsymbol{A}^{-1}=\frac{1}{|\boldsymbol{A}|}\boldsymbol{A}^*$，又 $(\boldsymbol{A}^{-1})^{\mathrm{T}}=(\boldsymbol{A}^{\mathrm{T}})^{-1}=\boldsymbol{A}^{-1}$，故 $\boldsymbol{A}^{-1}$ 是实对称矩阵，因而 $\boldsymbol{A}^*$ 是实对称矩阵，则二次型 $f(x_1, x_2, \cdots, x_n)$ 的矩阵形式为

$$f(\boldsymbol{x})=[x_1, x_2, \cdots, x_n]\frac{1}{|\boldsymbol{A}|}\begin{bmatrix} A_{11} & A_{12} & \cdots & A_{1n} \\ A_{21} & A_{22} & \cdots & A_{2n} \\ \vdots & \vdots & & \vdots \\ A_{n1} & A_{n2} & \cdots & A_{nn} \end{bmatrix}\begin{bmatrix} x_1 \\ x_2 \\ \vdots \\ x_n \end{bmatrix}$$

$$=[x_1, x_2, \cdots, x_n]\frac{1}{|\boldsymbol{A}|}\begin{bmatrix} A_{11} & A_{21} & \cdots & A_{n1} \\ A_{12} & A_{22} & \cdots & A_{n2} \\ \vdots & \vdots & & \vdots \\ A_{1n} & A_{2n} & \cdots & A_{nn} \end{bmatrix}\begin{bmatrix} x_1 \\ x_2 \\ \vdots \\ x_n \end{bmatrix}.$$

因此二次型 $f(\boldsymbol{x})$ 的矩阵为 $\boldsymbol{A}^{-1}$.

2. 线性变换

对于 n 元二次型 $f(x_1, x_2, \cdots, x_n)$，若令

$$\begin{cases} x_1 = c_{11}y_1 + c_{12}y_2 + \cdots + c_{1n}y_n, \\ x_2 = c_{21}y_1 + c_{22}y_2 + \cdots + c_{2n}y_n, \\ \quad\cdots\cdots \\ x_n = c_{n1}y_1 + c_{n2}y_2 + \cdots + c_{nn}y_n, \end{cases} \tag{*}$$

记 $\boldsymbol{x} = \begin{bmatrix} x_1 \\ x_2 \\ \vdots \\ x_n \end{bmatrix}$，$\boldsymbol{C} = \begin{bmatrix} c_{11} & c_{12} & \cdots & c_{1n} \\ c_{21} & c_{22} & \cdots & c_{2n} \\ \vdots & \vdots & & \vdots \\ c_{n1} & c_{n2} & \cdots & c_{nn} \end{bmatrix}$，$\boldsymbol{y} = \begin{bmatrix} y_1 \\ y_2 \\ \vdots \\ y_n \end{bmatrix}$，则（*）式可写为

$$\boldsymbol{x} = \boldsymbol{C}\boldsymbol{y},$$

（*）式称为**线性变换**．若线性变换的系数矩阵 $\boldsymbol{C}$ 可逆，即 $|\boldsymbol{C}| \neq 0$，则称为**可逆线性变换**（见后面的配方法）；若 $\boldsymbol{C}$ 为正交矩阵，则称为**正交变换**（见后面的正交变换法）．

3. 二次型的标准形、规范形

（1）定义．

若二次型中只含有平方项，没有交叉项（即所有交叉项的系数全为零），即形如

$$d_1 x_1^2 + d_2 x_2^2 + \cdots + d_n x_n^2$$

的二次型称为**标准形**．

若标准形中，系数 $d_i\,(i=1, 2, \cdots, n)$ 的取值范围为 $\{1, -1, 0\}$，即形如 $x_1^2 + \cdots + x_p^2 - x_{p+1}^2 - \cdots - x_{p+q}^2$ 的二次型称为**规范形**．

【注】标准形一般不唯一．规范形在不考虑系数 d_i 的顺序时是唯一的．考生在写规范形时，也不必在意 d_i 的顺序．

（2）重要结论．

①任何二次型 $f=\boldsymbol{x}^{\mathrm{T}}\boldsymbol{A}\boldsymbol{x}$ 均可通过配方法（作可逆线性变换 $\boldsymbol{x}=\boldsymbol{C}\boldsymbol{y}$）化成标准形 $k_1y_1^2 + k_2y_2^2 + \cdots + k_ny_n^2$ 或规范形 $y_1^2 + \cdots + y_p^2 - y_{p+1}^2 - \cdots - y_{p+q}^2$．

【注】此处 $\boldsymbol{C}$ 的列向量一般不是 $\boldsymbol{A}$ 的特征向量，$k_i\,(i=1, 2, \cdots, n)$ 一般也不是 $\boldsymbol{A}$ 的特征值．

②任何二次型 $f=\boldsymbol{x}^{\mathrm{T}}\boldsymbol{A}\boldsymbol{x}$ 也可以通过正交变换 $\boldsymbol{x}=\boldsymbol{Q}\boldsymbol{y}$ 化成标准形 $\lambda_1 y_1^2 + \lambda_2 y_2^2 + \cdots + \lambda_n y_n^2$．

【注】此处 $\boldsymbol{Q}$ 的列向量均是 $\boldsymbol{A}$ 的特征向量，$\lambda_i\,(i=1, 2, \cdots, n)$ 均是 $\boldsymbol{A}$ 的特征值．

③（**惯性定理**）无论选取什么样的可逆线性变换，将二次型化成标准形或规范形，其正项个数 p，

负项个数 q 都是不变的，p 称为**正惯性指数**，q 称为**负惯性指数**.

【注】(1) $r(\boldsymbol{A})=p+q$.
(2) 符号差 $s=p-q$.

二 配方法

1. 含平方项

将某个变量的平方项及与其有关的混合项合并在一起，配成一个完全平方项.如法炮制，直到配完.

2. 不含平方项

创造平方项，如含有 x_1x_2 项，令

$$\begin{cases}x_1=y_1+y_2,\\x_2=y_1-y_2,\end{cases}$$

使 $x_1x_2=y_1^2-y_2^2$，出现平方项，再按含平方项的方法配方.

3. 矩阵语言

对实对称矩阵 $\boldsymbol{A}$，必存在可逆矩阵 $\boldsymbol{C}$，使得 $\boldsymbol{C}^{\mathrm{T}}\boldsymbol{AC}=\boldsymbol{\Lambda}$，其中 $\boldsymbol{\Lambda}$ 是对角矩阵.

【注】$\boldsymbol{\Lambda}$（标准形）不唯一，视 $\boldsymbol{C}$ 而定，且 $\boldsymbol{\Lambda}$ 的主对角线元素往往不是 $\boldsymbol{A}$ 的特征值.

例 9.2 已知二次型 $f(x_1,x_2,x_3)=(1-a)x_1^2+(1-a)x_2^2+2x_3^2+2(1+a)x_1x_2$ 的秩为 2，则 $f(x_1,x_2,x_3)=0$ 的通解为________.

【解】应填 $\boldsymbol{x}=[k,-k,0]^{\mathrm{T}}$，$k$ 是任意常数.

二次型 f 的矩阵为 $\boldsymbol{A}=\begin{bmatrix}1-a&1+a&0\\1+a&1-a&0\\0&0&2\end{bmatrix}$.

由题可知，矩阵 $\boldsymbol{A}$ 的秩为 2，从而 $|\boldsymbol{A}|=2\begin{vmatrix}1-a&1+a\\1+a&1-a\end{vmatrix}=-8a=0$，解得 $a=0$，则

$$f(x_1,x_2,x_3)=x_1^2+x_2^2+2x_3^2+2x_1x_2=(x_1+x_2)^2+2x_3^2.$$

由 $f(x_1,x_2,x_3)=0$ 得 $\begin{cases}x_1+x_2=0,\\x_3=0,\end{cases}$ 解得 $\boldsymbol{x}=[k,-k,0]^{\mathrm{T}}$，$k$ 是任意常数.

例 9.3 二次型 $f(x_1,x_2,x_3)=x_1x_2+x_1x_3-x_2x_3$ 的负惯性指数 q 为________.

【解】应填 1.

令
$$\begin{cases} x_1 = y_1 + y_2, \\ x_2 = y_1 - y_2, \\ x_3 = y_3, \end{cases}$$

则

$$f = y_1^2 - y_2^2 + y_1y_3 + y_2y_3 - y_1y_3 + y_2y_3 = y_1^2 - y_2^2 + 2y_2y_3$$
$$= y_1^2 - (y_2 - y_3)^2 + y_3^2.$$

令$\begin{cases} z_1 = y_1, \\ z_2 = y_2 - y_3, \\ z_3 = y_3, \end{cases}$即$\begin{cases} y_1 = z_1, \\ y_2 = z_2 + z_3, \\ y_3 = z_3, \end{cases}$得二次型的规范形为

$$f \xlongequal{x=Cz} z_1^2 - z_2^2 + z_3^2.$$

故负惯性指数 q 为 1.

三 正交变换法

1. 基本步骤

对于 $f = \boldsymbol{x}^{\mathrm{T}}\boldsymbol{A}\boldsymbol{x}$.

（1）在确定 $\boldsymbol{A}$ 是实对称矩阵的条件下，求 $\boldsymbol{A}$ 的特征值 $\lambda_1, \lambda_2, \cdots, \lambda_n$.

【注】若 $\boldsymbol{A}$ 不是实对称矩阵，令 $\boldsymbol{B} = \frac{1}{2}(\boldsymbol{A} + \boldsymbol{A}^{\mathrm{T}})$，即可将其变为实对称矩阵.

（2）求 $\boldsymbol{A}$ 对应于特征值 $\lambda_1, \lambda_2, \cdots, \lambda_n$ 的特征向量 $\boldsymbol{\xi}_1, \boldsymbol{\xi}_2, \cdots, \boldsymbol{\xi}_n$.

（3）将 $\boldsymbol{\xi}_1, \boldsymbol{\xi}_2, \cdots, \boldsymbol{\xi}_n$ 正交化（若需要的话）、单位化为 $\boldsymbol{\eta}_1, \boldsymbol{\eta}_2, \cdots, \boldsymbol{\eta}_n$.

（4）令 $\boldsymbol{Q} = [\boldsymbol{\eta}_1, \boldsymbol{\eta}_2, \cdots, \boldsymbol{\eta}_n]$，则 $\boldsymbol{Q}$ 为正交矩阵，且 $\boldsymbol{Q}^{-1}\boldsymbol{A}\boldsymbol{Q} = \boldsymbol{Q}^{\mathrm{T}}\boldsymbol{A}\boldsymbol{Q} = \boldsymbol{\Lambda}$.

于是

$$f = \boldsymbol{x}^{\mathrm{T}}\boldsymbol{A}\boldsymbol{x} \xlongequal{x=Qy} (\boldsymbol{Q}\boldsymbol{y})^{\mathrm{T}}\boldsymbol{A}(\boldsymbol{Q}\boldsymbol{y}) = \boldsymbol{y}^{\mathrm{T}}\boldsymbol{Q}^{\mathrm{T}}\boldsymbol{A}\boldsymbol{Q}\boldsymbol{y} = \boldsymbol{y}^{\mathrm{T}}\boldsymbol{\Lambda}\boldsymbol{y}.$$

2. 反求参数，A（或 f）

3. 最值问题

若 $\boldsymbol{A}$ 的特征值大小排序为 $\lambda_1 \leqslant \lambda_2 \leqslant \cdots \leqslant \lambda_n$，则

（1）$\lambda_1\boldsymbol{x}^{\mathrm{T}}\boldsymbol{x} \leqslant \boldsymbol{x}^{\mathrm{T}}\boldsymbol{A}\boldsymbol{x} \leqslant \lambda_n\boldsymbol{x}^{\mathrm{T}}\boldsymbol{x}$.

（2）若 $\boldsymbol{x}^{\mathrm{T}}\boldsymbol{x} = 1$，则 $f_{\min} = \lambda_1$，$f_{\max} = \lambda_n$.

4. 几何应用（仅数学一）

二次曲面 $f(x_1, x_2, x_3)=1$ 的类型：

$\lambda_1, \lambda_2, \lambda_3$ 的符号	$f(x_1, x_2, x_3)=1$
3 正	椭球面
2 正 1 负	单叶双曲面
1 正 2 负	双叶双曲面
2 正 1 零	椭圆柱面
1 正 1 负 1 零	双曲柱面

例 9.4 设二次型 $f(x_1, x_2, x_3)$ 在正交变换 $\boldsymbol{x}=\boldsymbol{P}\boldsymbol{y}$ 下的标准形为 $2y_1^2+y_2^2-y_3^2$，其中 $\boldsymbol{P}=[\boldsymbol{e}_1, \boldsymbol{e}_2, \boldsymbol{e}_3]$. 若 $\boldsymbol{Q}=[\boldsymbol{e}_1, -\boldsymbol{e}_3, \boldsymbol{e}_2]$，则 $f(x_1, x_2, x_3)$ 在正交变换 $\boldsymbol{x}=\boldsymbol{Q}\boldsymbol{y}$ 下的标准形为（　　）.

（A）$2y_1^2-y_2^2+y_3^2$　　（B）$2y_1^2+y_2^2-y_3^2$

（C）$2y_1^2-y_2^2-y_3^2$　　（D）$2y_1^2+y_2^2+y_3^2$

【解】应选（A）.

设二次型矩阵为 $\boldsymbol{A}$，则

$$\boldsymbol{P}^{-1}\boldsymbol{A}\boldsymbol{P}=\boldsymbol{P}^{\mathrm{T}}\boldsymbol{A}\boldsymbol{P}=\begin{bmatrix}2&0&0\\0&1&0\\0&0&-1\end{bmatrix},$$

则 $\boldsymbol{e}_1, \boldsymbol{e}_2, \boldsymbol{e}_3$ 分别是 $\boldsymbol{A}$ 对应于特征值 2，1，-1 的特征向量. 于是 $-\boldsymbol{e}_3$ 是 $\boldsymbol{A}$ 对应于特征值 -1 的特征向量. 因此

$$\boldsymbol{Q}^{\mathrm{T}}\boldsymbol{A}\boldsymbol{Q}=\boldsymbol{Q}^{-1}\boldsymbol{A}\boldsymbol{Q}=[\boldsymbol{e}_1, -\boldsymbol{e}_3, \boldsymbol{e}_2]^{-1}\boldsymbol{A}[\boldsymbol{e}_1, -\boldsymbol{e}_3, \boldsymbol{e}_2]=\begin{bmatrix}2&0&0\\0&-1&0\\0&0&1\end{bmatrix},$$

从而 f 在正交变换 $\boldsymbol{x}=\boldsymbol{Q}\boldsymbol{y}$ 下的标准形为 $2y_1^2-y_2^2+y_3^2$.

例 9.5 设二次型 $f(x_1, x_2)=x_1^2-4x_1x_2+4x_2^2$ 经正交变换 $\begin{bmatrix}x_1\\x_2\end{bmatrix}=\boldsymbol{Q}\begin{bmatrix}y_1\\y_2\end{bmatrix}$ 化为二次型 $g(y_1, y_2)=ay_1^2+4y_1y_2+by_2^2$，其中 $a\geqslant b$.

（1）求 a，b 的值；

（2）求正交矩阵 $\boldsymbol{Q}$.

【解】（1）由题意知，二次型 $f(x_1, x_2)$ 与 $g(y_1, y_2)$ 的矩阵分别为

$$\boldsymbol{A}=\begin{bmatrix}1&-2\\-2&4\end{bmatrix},\ \boldsymbol{B}=\begin{bmatrix}a&2\\2&b\end{bmatrix}.$$

由于 $\boldsymbol{Q}$ 为正交矩阵，且 $\boldsymbol{Q}^{\mathrm{T}}\boldsymbol{A}\boldsymbol{Q}=\boldsymbol{B}$，于是 $\boldsymbol{A}$ 与 $\boldsymbol{B}$ 相似，因此 $\operatorname{tr}(\boldsymbol{A})=\operatorname{tr}(\boldsymbol{B})$，$|\boldsymbol{A}|=|\boldsymbol{B}|$，即

$$\begin{cases} a+b=5, \\ ab-4=0. \end{cases}$$

又 $a \geqslant b$，解得 $a=4$，$b=1$.

（2）由于 $|\lambda \boldsymbol{E}-\boldsymbol{A}|=|\lambda \boldsymbol{E}-\boldsymbol{B}|=\lambda(\lambda-5)$，因此矩阵 $\boldsymbol{A}$，$\boldsymbol{B}$ 的特征值均为 $\lambda_1=0$，$\lambda_2=5$.

矩阵 $\boldsymbol{A}$ 的属于特征值 $\lambda_1=0$ 的单位特征向量为 $\boldsymbol{\alpha}_1=\frac{1}{\sqrt{5}}\begin{bmatrix}2\\1\end{bmatrix}$；

矩阵 $\boldsymbol{A}$ 的属于特征值 $\lambda_2=5$ 的单位特征向量为 $\boldsymbol{\alpha}_2=\frac{1}{\sqrt{5}}\begin{bmatrix}1\\-2\end{bmatrix}$.

令 $\boldsymbol{Q}_1=[\boldsymbol{\alpha}_1,\boldsymbol{\alpha}_2]=\frac{1}{\sqrt{5}}\begin{bmatrix}2&1\\1&-2\end{bmatrix}$，则 $\boldsymbol{Q}_1$ 为正交矩阵，且 $\boldsymbol{Q}_1^{\mathrm{T}}\boldsymbol{A}\boldsymbol{Q}_1=\begin{bmatrix}0&0\\0&5\end{bmatrix}$.

由（1）知 $\boldsymbol{B}=\begin{bmatrix}4&2\\2&1\end{bmatrix}$.

矩阵 $\boldsymbol{B}$ 的属于特征值 $\lambda_1=0$ 的单位特征向量为 $\boldsymbol{\beta}_1=\frac{1}{\sqrt{5}}\begin{bmatrix}1\\-2\end{bmatrix}$；

矩阵 $\boldsymbol{B}$ 的属于特征值 $\lambda_2=5$ 的单位特征向量为 $\boldsymbol{\beta}_2=\frac{1}{\sqrt{5}}\begin{bmatrix}2\\1\end{bmatrix}$.

令 $\boldsymbol{Q}_2=[\boldsymbol{\beta}_1,\boldsymbol{\beta}_2]=\frac{1}{\sqrt{5}}\begin{bmatrix}1&2\\-2&1\end{bmatrix}$，则 $\boldsymbol{Q}_2$ 为正交矩阵，且 $\boldsymbol{Q}_2^{\mathrm{T}}\boldsymbol{B}\boldsymbol{Q}_2=\begin{bmatrix}0&0\\0&5\end{bmatrix}$.

由于 $\boldsymbol{Q}_1^{\mathrm{T}}\boldsymbol{A}\boldsymbol{Q}_1=\boldsymbol{Q}_2^{\mathrm{T}}\boldsymbol{B}\boldsymbol{Q}_2=\begin{bmatrix}0&0\\0&5\end{bmatrix}$，所以 $(\boldsymbol{Q}_1\boldsymbol{Q}_2^{\mathrm{T}})^{\mathrm{T}}\boldsymbol{A}(\boldsymbol{Q}_1\boldsymbol{Q}_2^{\mathrm{T}})=\boldsymbol{B}$，故

$$\boldsymbol{Q}=\boldsymbol{Q}_1\boldsymbol{Q}_2^{\mathrm{T}}=\frac{1}{5}\begin{bmatrix}4&-3\\-3&-4\end{bmatrix}$$

为所求矩阵.

例 9.6　已知二次型 $f(x_1,x_2,x_3)=3x_1^2+4x_2^2+3x_3^2+2x_1x_3$.

（1）求正交变换 $\boldsymbol{x}=\boldsymbol{Q}\boldsymbol{y}$ 将 $f(x_1,x_2,x_3)$ 化为标准形；

（2）证明：$\min\limits_{\boldsymbol{x}\neq\boldsymbol{0}}\frac{f(\boldsymbol{x})}{\boldsymbol{x}^{\mathrm{T}}\boldsymbol{x}}=2$.

（1）【解】二次型 $f(x_1,x_2,x_3)=3x_1^2+4x_2^2+3x_3^2+2x_1x_3$ 对应的矩阵为

$$\boldsymbol{A}=\begin{bmatrix}3&0&1\\0&4&0\\1&0&3\end{bmatrix}.$$

由于 $|\lambda \boldsymbol{E}-\boldsymbol{A}|=(\lambda-2)(\lambda-4)^2$，因此 $\boldsymbol{A}$ 的特征值为 $\lambda_1=2$，$\lambda_2=\lambda_3=4$.

当 $\lambda_1=2$ 时，解方程组（$2\boldsymbol{E}-\boldsymbol{A}$）$\boldsymbol{x}=\boldsymbol{0}$，得 $\boldsymbol{A}$ 的特征向量 $\boldsymbol{\xi}_1=\begin{bmatrix}-1\\0\\1\end{bmatrix}$，单位化得 $\boldsymbol{\eta}_1=\begin{bmatrix}-\frac{1}{\sqrt{2}}\\0\\\frac{1}{\sqrt{2}}\end{bmatrix}$；

当 $\lambda_2=\lambda_3=4$ 时，解方程组（$4\boldsymbol{E}-\boldsymbol{A}$）$\boldsymbol{x}=\boldsymbol{0}$，得 $\boldsymbol{A}$ 的两个正交特征向量 $\boldsymbol{\xi}_2=\begin{bmatrix}0\\1\\0\end{bmatrix}$，$\boldsymbol{\xi}_3=\begin{bmatrix}1\\0\\1\end{bmatrix}$，单位化得

$\boldsymbol{\eta}_2=\boldsymbol{\xi}_2$，$\boldsymbol{\eta}_3=\begin{bmatrix}\frac{1}{\sqrt{2}}\\0\\\frac{1}{\sqrt{2}}\end{bmatrix}$.

令 $\boldsymbol{Q}=[\boldsymbol{\eta}_1,\boldsymbol{\eta}_2,\boldsymbol{\eta}_3]=\begin{bmatrix}-\frac{1}{\sqrt{2}}&0&\frac{1}{\sqrt{2}}\\0&1&0\\\frac{1}{\sqrt{2}}&0&\frac{1}{\sqrt{2}}\end{bmatrix}$，则 $\boldsymbol{Q}$ 为正交矩阵，且 $\boldsymbol{Q}^{\mathrm{T}}\boldsymbol{A}\boldsymbol{Q}=\begin{bmatrix}2&0&0\\0&4&0\\0&0&4\end{bmatrix}$，因此在正交变换 $\boldsymbol{x}=\boldsymbol{Q}\boldsymbol{y}$ 下，二次型 $f(x_1,x_2,x_3)$ 化为标准形 $2y_1^2+4y_2^2+4y_3^2$.

（2）【证】由（1）知，在正交变换 $\boldsymbol{x}=\boldsymbol{Q}\boldsymbol{y}$ 下，

$$f(\boldsymbol{x})=2y_1^2+4y_2^2+4y_3^2\geqslant 2y_1^2+2y_2^2+2y_3^2=2\boldsymbol{y}^{\mathrm{T}}\boldsymbol{y}=2\boldsymbol{x}^{\mathrm{T}}\boldsymbol{x}.$$

因此，当 $\boldsymbol{x}\neq\boldsymbol{0}$ 时，$\dfrac{f(\boldsymbol{x})}{\boldsymbol{x}^{\mathrm{T}}\boldsymbol{x}}\geqslant 2$，令 $\boldsymbol{x}_0=\boldsymbol{Q}\begin{bmatrix}1\\0\\0\end{bmatrix}$，得 $\dfrac{f(\boldsymbol{x}_0)}{\boldsymbol{x}_0^{\mathrm{T}}\boldsymbol{x}_0}=2$，故 $\min\limits_{\boldsymbol{x}\neq\boldsymbol{0}}\dfrac{f(\boldsymbol{x})}{\boldsymbol{x}^{\mathrm{T}}\boldsymbol{x}}=2$.

例 9.7 **（仅数学一）**设二次型

$$f(x_1,x_2,x_3)=x_2^2+2x_1x_3,$$

则 $f(x_1,x_2,x_3)=-1$ 在空间直角坐标系下表示的二次曲面为（　　）.

（A）单叶双曲面　（B）双叶双曲面　（C）椭球面　（D）柱面

【解】应选（B）.

二次型矩阵 $\boldsymbol{A}=\begin{bmatrix}0&0&1\\0&1&0\\1&0&0\end{bmatrix}$，由

$$|\lambda\boldsymbol{E}-\boldsymbol{A}|=\begin{vmatrix}\lambda&0&-1\\0&\lambda-1&0\\-1&0&\lambda\end{vmatrix}=(\lambda-1)^2(\lambda+1)=0,$$

得 $\boldsymbol{A}$ 的特征值为 $\lambda_1=\lambda_2=1$，$\lambda_3=-1$.

在正交变换下 f 的标准形为 $y_1^2+y_2^2-y_3^2$，则 $f(x_1, x_2, x_3)=-1$ 写成 $-y_1^2-y_2^2+y_3^2=1$，表示双叶双曲面，故选（B）.

【注】这类题还可用给出图形的命题形式出现，如下题.

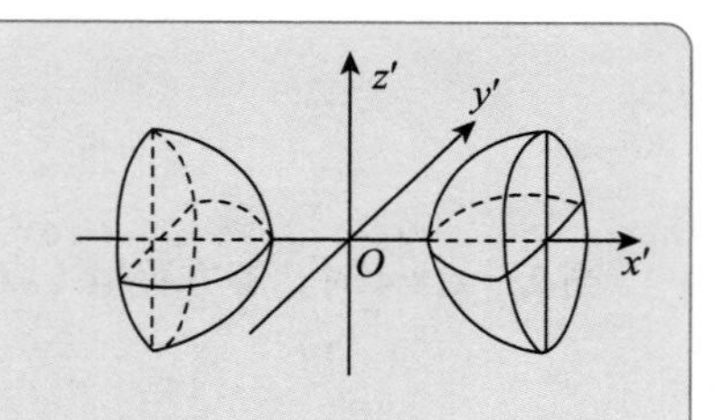

设 $\boldsymbol{A}$ 为3阶实对称矩阵，如果二次曲面方程

$$[x, y, z]\boldsymbol{A}\begin{bmatrix}x\\y\\z\end{bmatrix}=1$$

在正交变换下的标准方程的图形如图所示，则 $\boldsymbol{A}$ 的正特征值的个数为（　　）.

（A）0　　（B）1　　（C）2　　（D）3

解　应选（B）.

所给图形是双叶双曲面，其标准方程是

$$\frac{(x')^2}{a^2}-\frac{(y')^2}{b^2}-\frac{(z')^2}{c^2}=1.$$

而矩阵 $\boldsymbol{A}$ 的正特征值的个数就是标准方程中正项的个数，即选项（B）是正确的.

四　实对称矩阵的合同

（1）同阶实对称矩阵 $\boldsymbol{A}$，$\boldsymbol{B}$ 合同的判定.

①用定义法：$\boldsymbol{A}$，$\boldsymbol{B}$ 合同 $\Leftrightarrow$ 存在可逆矩阵 $\boldsymbol{C}$，使得 $\boldsymbol{C}^{\mathrm{T}}\boldsymbol{A}\boldsymbol{C}=\boldsymbol{B}$.

②用正、负惯性指数：$\boldsymbol{A}$，$\boldsymbol{B}$ 合同 $\Leftrightarrow p_A=p_B$，$q_A=q_B$（相同的正、负惯性指数）.

【注】事实上，$\boldsymbol{A}$ 与 $\boldsymbol{B}$ 的正、负特征值的个数分别对应相同.

③用传递性：$\boldsymbol{A}$ 合同于 $\boldsymbol{C}$，$\boldsymbol{C}$ 合同于 $\boldsymbol{B}$，则 $\boldsymbol{A}$ 合同于 $\boldsymbol{B}$.

④用相似：同阶实对称矩阵 $\boldsymbol{A}$，$\boldsymbol{B}$ 相似必合同.

（2）已知 $\boldsymbol{A}$，$\boldsymbol{\Lambda}$（$\boldsymbol{\Lambda}$ 是对角矩阵），求可逆矩阵 $\boldsymbol{C}$，使得 $\boldsymbol{C}^{\mathrm{T}}\boldsymbol{A}\boldsymbol{C}=\boldsymbol{\Lambda}$.

（3）已知 $\boldsymbol{A}$，$\boldsymbol{B}$（$\boldsymbol{B}$ 不是对角矩阵），求可逆矩阵 $\boldsymbol{C}$，使得 $\boldsymbol{C}^{\mathrm{T}}\boldsymbol{A}\boldsymbol{C}=\boldsymbol{B}$.

例 9.8　设矩阵 $\boldsymbol{A}=\begin{bmatrix}2&-1&-1\\-1&2&-1\\-1&-1&2\end{bmatrix}$，$\boldsymbol{B}=\begin{bmatrix}1&0&0\\0&1&0\\0&0&0\end{bmatrix}$，则 $\boldsymbol{A}$ 与 $\boldsymbol{B}$（　　）.

（A）合同且相似　　（B）合同，但不相似

（C）不合同，但相似　　（D）既不合同，也不相似

【解】应选（B）.

因为

$$|\lambda\boldsymbol{E}-\boldsymbol{A}|=\begin{vmatrix}\lambda-2&1&1\\1&\lambda-2&1\\1&1&\lambda-2\end{vmatrix}=\lambda(\lambda-3)^2,$$

所以矩阵 $\boldsymbol{A}$ 的特征值为3，3，0. 由题知，矩阵 $\boldsymbol{B}$ 的特征值为1，1，0，故矩阵 $\boldsymbol{A}$ 与 $\boldsymbol{B}$ 不相似，从而选项（A）和（C）错误.

由于矩阵 $\boldsymbol{A}$ 和 $\boldsymbol{B}$ 的正、负特征值的个数对应相同，故 $\boldsymbol{A}$，$\boldsymbol{B}$ 合同，即选项（B）正确.

例 9.9 设 $\boldsymbol{A}$ 为3阶实对称矩阵，互换 $\boldsymbol{A}$ 的1，2行得到矩阵 $\boldsymbol{B}$，再互换 $\boldsymbol{B}$ 的1，2列得到矩阵 $\boldsymbol{C}$，则矩阵 $\boldsymbol{A}$ 与矩阵 $\boldsymbol{C}$（　　）.

（A）合同但不相似　　（B）相似但不合同

（C）合同且相似　　（D）不合同也不相似

【解】应选（C）.

由题设互换 $\boldsymbol{A}$ 的1，2行得到矩阵 $\boldsymbol{B}$，则有 $\boldsymbol{PA}=\boldsymbol{B}$，其中 $\boldsymbol{P}=\begin{bmatrix}0&1&0\\1&0&0\\0&0&1\end{bmatrix}$. 再互换 $\boldsymbol{B}$ 的1，2列得到矩阵 $\boldsymbol{C}$，则有 $\boldsymbol{BP}=\boldsymbol{C}$，从而 $\boldsymbol{PAP}=\boldsymbol{C}$. 由于初等矩阵 $\boldsymbol{P}=\begin{bmatrix}0&1&0\\1&0&0\\0&0&1\end{bmatrix}$ 满足 $\boldsymbol{P}^{\mathrm{T}}=\boldsymbol{P}$，$\boldsymbol{P}^{-1}=\boldsymbol{P}$，所以 $\boldsymbol{P}^{-1}\boldsymbol{AP}=\boldsymbol{C}$，$\boldsymbol{P}^{\mathrm{T}}\boldsymbol{AP}=\boldsymbol{C}$，即矩阵 $\boldsymbol{A}$ 与矩阵 $\boldsymbol{C}$ 合同且相似，故正确选项为（C）.

例 9.10 已知 $\boldsymbol{A}=\begin{bmatrix}3&2&1\\2&2&1\\1&1&1\end{bmatrix}$，$\boldsymbol{\Lambda}=\begin{bmatrix}2&0&0\\0&3&0\\0&0&1\end{bmatrix}$，求可逆矩阵 $\boldsymbol{C}$，使得 $\boldsymbol{C}^{\mathrm{T}}\boldsymbol{AC}=\boldsymbol{\Lambda}$.

【解】**法一**

$$f=\boldsymbol{x}^{\mathrm{T}}\boldsymbol{Ax}=3x_1^2+2x_2^2+x_3^2+4x_1x_2+2x_1x_3+2x_2x_3$$

$$\xlongequal{(*)}(x_1^2+2x_1x_2+x_2^2+2x_1x_3+2x_2x_3+x_3^2)+(x_1^2+2x_1x_2+x_2^2)+x_1^2$$

$$=x_1^2+(x_1+x_2)^2+(x_1+x_2+x_3)^2$$

$$=2\left(\frac{x_1}{\sqrt{2}}\right)^2+3\left(\frac{x_1+x_2}{\sqrt{3}}\right)^2+(x_1+x_2+x_3)^2.$$

令 $\begin{cases}y_1=\dfrac{x_1}{\sqrt{2}},\\ y_2=\dfrac{x_1+x_2}{\sqrt{3}},\\ y_3=x_1+x_2+x_3,\end{cases}$ 即 $\begin{cases}x_1=\sqrt{2}y_1,\\ x_2=-\sqrt{2}y_1+\sqrt{3}y_2,\\ x_3=-\sqrt{3}y_2+y_3,\end{cases}$ 于是有 $\begin{bmatrix}x_1\\x_2\\x_3\end{bmatrix}=\begin{bmatrix}\sqrt{2}&0&0\\-\sqrt{2}&\sqrt{3}&0\\0&-\sqrt{3}&1\end{bmatrix}\begin{bmatrix}y_1\\y_2\\y_3\end{bmatrix}$，记 $\boldsymbol{x}=\boldsymbol{Cy}$，其中 $\boldsymbol{C}=\begin{bmatrix}\sqrt{2}&0&0\\-\sqrt{2}&\sqrt{3}&0\\0&-\sqrt{3}&1\end{bmatrix}$，则 $f=\boldsymbol{x}^{\mathrm{T}}\boldsymbol{Ax}=(\boldsymbol{Cy})^{\mathrm{T}}\boldsymbol{A}(\boldsymbol{Cy})=\boldsymbol{y}^{\mathrm{T}}\boldsymbol{C}^{\mathrm{T}}\boldsymbol{ACy}=\boldsymbol{y}^{\mathrm{T}}\boldsymbol{\Lambda y}$，即可使 $\boldsymbol{C}^{\mathrm{T}}\boldsymbol{AC}=\boldsymbol{\Lambda}$.

【注】(*) 处用的是先配 x_3，再配 x_2，最后配 x_1 的顺序，只要一次配齐一个 x_i，$i=1$，2，3，先配谁，后配谁，是没有限制的，以利于解题为原则即可.

法二 成对初等变换法.

$$[\boldsymbol{A} \mid \boldsymbol{E}]=\left[\begin{array}{ccc:ccc}3&2&1&1&0&0\\2&2&1&0&1&0\\1&1&1&0&0&1\end{array}\right]\xrightarrow{\left(-\frac{2}{3}\right)\text{倍加至}}\left[\begin{array}{ccc:ccc}3&2&1&1&0&0\\0&\frac{2}{3}&\frac{1}{3}&-\frac{2}{3}&1&0\\1&1&1&0&0&1\end{array}\right]\xrightarrow{\left(-\frac{2}{3}\right)\text{倍加至}}$$

$$\rightarrow\left[\begin{array}{ccc:ccc}3&0&1&1&0&0\\0&\frac{2}{3}&\frac{1}{3}&-\frac{2}{3}&1&0\\1&\frac{1}{3}&1&0&0&1\end{array}\right]\xrightarrow{\left(-\frac{1}{3}\right)\text{倍加至}}\left[\begin{array}{ccc:ccc}3&0&1&1&0&0\\0&\frac{2}{3}&\frac{1}{3}&-\frac{2}{3}&1&0\\0&\frac{1}{3}&\frac{2}{3}&-\frac{1}{3}&0&1\end{array}\right]\xrightarrow{\left(-\frac{1}{3}\right)\text{倍加至}}$$

$$\rightarrow\left[\begin{array}{ccc:ccc}3&0&0&1&0&0\\0&\frac{2}{3}&\frac{1}{3}&-\frac{2}{3}&1&0\\0&\frac{1}{3}&\frac{2}{3}&-\frac{1}{3}&0&1\end{array}\right]\xrightarrow{\left(-\frac{1}{2}\right)\text{倍加至}}\left[\begin{array}{ccc:ccc}3&0&0&1&0&0\\0&\frac{2}{3}&\frac{1}{3}&-\frac{2}{3}&1&0\\0&0&\frac{1}{2}&0&-\frac{1}{2}&1\end{array}\right]\xrightarrow{\left(-\frac{1}{2}\right)\text{倍加至}}$$

（列：$\times\frac{\sqrt{2}}{\sqrt{3}}$，$\times\frac{3}{\sqrt{2}}$，$\times\sqrt{2}$；行：$\times\frac{\sqrt{2}}{\sqrt{3}}$，$\times\frac{3}{\sqrt{2}}$，$\times\sqrt{2}$）

$$\rightarrow\left[\begin{array}{ccc:ccc}3&0&0&1&0&0\\0&\frac{2}{3}&0&-\frac{2}{3}&1&0\\0&0&\frac{1}{2}&0&-\frac{1}{2}&1\end{array}\right]\rightarrow\left[\begin{array}{ccc:ccc}2&0&0&\frac{\sqrt{2}}{\sqrt{3}}&0&0\\0&3&0&-\sqrt{2}&\frac{3}{\sqrt{2}}&0\\0&0&1&0&-\frac{\sqrt{2}}{2}&\sqrt{2}\end{array}\right]=[\boldsymbol{\Lambda} \mid \boldsymbol{C}^{\mathrm{T}}],$$

故 $\boldsymbol{C}=\begin{bmatrix}\frac{\sqrt{2}}{\sqrt{3}}&-\sqrt{2}&0\\0&\frac{3}{\sqrt{2}}&-\frac{\sqrt{2}}{2}\\0&0&\sqrt{2}\end{bmatrix}$.

【注】"成对初等变换"的原理如下：

因 $\boldsymbol{C}$ 可逆，故 $\boldsymbol{C}\xlongequal{\text{可写作}}\boldsymbol{E}_1\boldsymbol{E}_2\cdots\boldsymbol{E}_k$，即 $\boldsymbol{C}$ 等于若干（k）个初等矩阵的乘积，于是 $\boldsymbol{C}^{\mathrm{T}}\boldsymbol{A}\boldsymbol{C}=\boldsymbol{\Lambda}$，即为 $\boldsymbol{E}_k^{\mathrm{T}}\cdots\boldsymbol{E}_2^{\mathrm{T}}\boldsymbol{E}_1^{\mathrm{T}}\boldsymbol{A}\boldsymbol{E}_1\boldsymbol{E}_2\cdots\boldsymbol{E}_k=\boldsymbol{\Lambda}$，而 $\boldsymbol{E}_k^{\mathrm{T}}\cdots\boldsymbol{E}_2^{\mathrm{T}}\boldsymbol{E}_1^{\mathrm{T}}\boldsymbol{E}=\boldsymbol{C}^{\mathrm{T}}\boldsymbol{E}=\boldsymbol{C}^{\mathrm{T}}$，故通过初等行变换"$\boldsymbol{E}_k^{\mathrm{T}}\cdots\boldsymbol{E}_2^{\mathrm{T}}\boldsymbol{E}_1^{\mathrm{T}}$"和初等列变换"$\boldsymbol{E}_1\boldsymbol{E}_2\cdots\boldsymbol{E}_k$"将 $\boldsymbol{A}$ 化成 $\boldsymbol{\Lambda}$ 的同时，行变换"$\boldsymbol{E}_k^{\mathrm{T}}\cdots\boldsymbol{E}_2^{\mathrm{T}}\boldsymbol{E}_1^{\mathrm{T}}$"将 $\boldsymbol{E}$ 化成 $\boldsymbol{C}^{\mathrm{T}}$，$\boldsymbol{C}^{\mathrm{T}}$ 即可求出，写为 $[\boldsymbol{A} \mid \boldsymbol{E}]$

$\xrightarrow{\text{成对初等变换}} [\boldsymbol{\Lambda} \vdots \boldsymbol{C}^{\mathrm{T}}]$，需要指出的是，成对初等变换是指用结合律写成 $\boldsymbol{E}_k^{\mathrm{T}}\cdots[\boldsymbol{E}_2^{\mathrm{T}}(\boldsymbol{E}_1^{\mathrm{T}}\boldsymbol{A}\boldsymbol{E}_1)\boldsymbol{E}_2]\cdots\boldsymbol{E}_k$，即 $\boldsymbol{E}_i^{\mathrm{T}}$ 与 $\boldsymbol{E}_i$（$i=1, 2, \cdots, k$）要连续操作，这种方法要比配方法或正交变换法简单些，供考生参考，本题亦可用常规的配方法或正交变换法并进一步换元得到．显然，这里所求的 $\boldsymbol{C}$ 不唯一．

例 9.11　已知实矩阵 $\boldsymbol{A}=\begin{bmatrix}2&2\\2&a\end{bmatrix}$，$\boldsymbol{B}=\begin{bmatrix}4&b\\3&1\end{bmatrix}$，$a$ 为正整数．若存在可逆矩阵 $\boldsymbol{C}$，使得 $\boldsymbol{C}^{\mathrm{T}}\boldsymbol{A}\boldsymbol{C}=\boldsymbol{B}$.

（1）求 a，b 的值；

（2）求矩阵 $\boldsymbol{C}$.

【解】（1）因 $\boldsymbol{A}^{\mathrm{T}}=\boldsymbol{A}$，故

$$\boldsymbol{B}^{\mathrm{T}}=(\boldsymbol{C}^{\mathrm{T}}\boldsymbol{A}\boldsymbol{C})^{\mathrm{T}}=\boldsymbol{C}^{\mathrm{T}}\boldsymbol{A}^{\mathrm{T}}\boldsymbol{C}=\boldsymbol{C}^{\mathrm{T}}\boldsymbol{A}\boldsymbol{C}=\boldsymbol{B},$$

所以 $\boldsymbol{B}$ 为对称矩阵，$b=3$.

对于

$$f(x_1, x_2)=[x_1, x_2]\begin{bmatrix}2&2\\2&a\end{bmatrix}\begin{bmatrix}x_1\\x_2\end{bmatrix}=2x_1^2+ax_2^2+4x_1x_2$$

$$=2(x_1+x_2)^2+(a-2)x_2^2;$$

对于

$$g(y_1, y_2)=[y_1, y_2]\begin{bmatrix}4&3\\3&1\end{bmatrix}\begin{bmatrix}y_1\\y_2\end{bmatrix}=4y_1^2+y_2^2+6y_1y_2$$

$$=4\left(y_1+\frac{3}{4}y_2\right)^2-\frac{5}{4}y_2^2.$$

由题设可知 $\boldsymbol{A}$ 与 $\boldsymbol{B}$ 合同，记 p_A，q_A，p_B，q_B 分别为二次型 f，g 的正、负惯性指数，故 $p_A=p_B$，$q_A=q_B$，于是 $a-2<0$，即 $a<2$，又 a 为正整数，故 $a=1$.

综上所述，$a=1$，$b=3$.

（2）由（1）得

$$f(x_1, x_2)=2(x_1+x_2)^2-x_2^2,$$

令 $\begin{cases}z_1=x_1+x_2,\\z_2=x_2,\end{cases}$ 即 $\begin{bmatrix}z_1\\z_2\end{bmatrix}=\begin{bmatrix}1&1\\0&1\end{bmatrix}\begin{bmatrix}x_1\\x_2\end{bmatrix}=\boldsymbol{C}_1\begin{bmatrix}x_1\\x_2\end{bmatrix}$，则 $f(x_1, x_2)=2z_1^2-z_2^2$；

对于

$$g(y_1, y_2)=4\left(y_1+\frac{3}{4}y_2\right)^2-\frac{5}{4}y_2^2,$$

令 $\begin{cases}z_1=\sqrt{2}y_1+\dfrac{3\sqrt{2}}{4}y_2,\\z_2=\dfrac{\sqrt{5}}{2}y_2,\end{cases}$ 即 $\begin{bmatrix}z_1\\z_2\end{bmatrix}=\begin{bmatrix}\sqrt{2}&\dfrac{3\sqrt{2}}{4}\\0&\dfrac{\sqrt{5}}{2}\end{bmatrix}\begin{bmatrix}y_1\\y_2\end{bmatrix}=\boldsymbol{C}_2\begin{bmatrix}y_1\\y_2\end{bmatrix}$，则 $g(y_1, y_2)=2z_1^2-z_2^2$.

于是有 $\boldsymbol{C}_1\begin{bmatrix}x_1\\x_2\end{bmatrix}=\boldsymbol{C}_2\begin{bmatrix}y_1\\y_2\end{bmatrix}$，故 $\begin{bmatrix}x_1\\x_2\end{bmatrix}=\boldsymbol{C}_1^{-1}\boldsymbol{C}_2\begin{bmatrix}y_1\\y_2\end{bmatrix}=\boldsymbol{C}\begin{bmatrix}y_1\\y_2\end{bmatrix}$，即

$$C=\begin{bmatrix}1&1\\0&1\end{bmatrix}^{-1}\begin{bmatrix}\sqrt{2}&\dfrac{3\sqrt{2}}{4}\\0&\dfrac{\sqrt{5}}{2}\end{bmatrix}=\begin{bmatrix}1&-1\\0&1\end{bmatrix}\begin{bmatrix}\sqrt{2}&\dfrac{3\sqrt{2}}{4}\\0&\dfrac{\sqrt{5}}{2}\end{bmatrix}=\begin{bmatrix}\sqrt{2}&\dfrac{3\sqrt{2}-2\sqrt{5}}{4}\\0&\dfrac{\sqrt{5}}{2}\end{bmatrix},$$

则 $\boldsymbol{C}^{\mathrm{T}}\boldsymbol{A}\boldsymbol{C}=\boldsymbol{B}$.

五 正定二次型

n 元二次型 $f(x_1,x_2,\cdots,x_n)=\boldsymbol{x}^{\mathrm{T}}\boldsymbol{A}\boldsymbol{x}$. 若对任意的 $\boldsymbol{x}=[x_1,x_2,\cdots,x_n]^{\mathrm{T}}\neq\boldsymbol{0}$，均有 $\boldsymbol{x}^{\mathrm{T}}\boldsymbol{A}\boldsymbol{x}>0$，则称 f 为**正定二次型**，称二次型的对应矩阵 $\boldsymbol{A}$ 为**正定矩阵**.

1. 前提

$\boldsymbol{A}=\boldsymbol{A}^{\mathrm{T}}$（$\boldsymbol{A}$ 是实对称矩阵）.

2. 二次型 $f=\boldsymbol{x}^{\mathrm{T}}\boldsymbol{A}\boldsymbol{x}$ 正定的充要条件

n 元二次型 $f=\boldsymbol{x}^{\mathrm{T}}\boldsymbol{A}\boldsymbol{x}$ 正定

$\Leftrightarrow$ 对任意的 $\boldsymbol{x}\neq\boldsymbol{0}$，有 $\boldsymbol{x}^{\mathrm{T}}\boldsymbol{A}\boldsymbol{x}>0$（定义）

$\Leftrightarrow$ $\boldsymbol{A}$ 的特征值 $\lambda_i>0$（$i=1,2,\cdots,n$）

$\Leftrightarrow$ f 的正惯性指数 $p=n$

$\Leftrightarrow$ 存在可逆矩阵 $\boldsymbol{D}$，使得 $\boldsymbol{A}=\boldsymbol{D}^{\mathrm{T}}\boldsymbol{D}$

$\Leftrightarrow$ $\boldsymbol{A}$ 与 $\boldsymbol{E}$ 合同

$\Leftrightarrow$ $\boldsymbol{A}$ 的各阶顺序主子式均大于 0.

3. 二次型 $f=\boldsymbol{x}^{\mathrm{T}}\boldsymbol{A}\boldsymbol{x}$ 正定的必要条件

（1）$a_{ii}>0$（$i=1,2,\cdots,n$）.

（2）$|\boldsymbol{A}|>0$.

4. 重要结论

（1）若 $\boldsymbol{A}$ 正定，则 $\boldsymbol{A}^{-1}$，$\boldsymbol{A}^{*}$，$\boldsymbol{A}^{m}$（m 为正整数），$k\boldsymbol{A}$（$k>0$），$\boldsymbol{C}^{\mathrm{T}}\boldsymbol{A}\boldsymbol{C}$（$\boldsymbol{C}$ 可逆）均正定.

（2）若 $\boldsymbol{A}$，$\boldsymbol{B}$ 正定，则 $\boldsymbol{A}+\boldsymbol{B}$ 正定，$\begin{bmatrix}\boldsymbol{A}&\boldsymbol{O}\\\boldsymbol{O}&\boldsymbol{B}\end{bmatrix}$ 正定.

（3）若 $\boldsymbol{A}$，$\boldsymbol{B}$ 正定，则 $\boldsymbol{AB}$ 正定的充要条件是 $\boldsymbol{AB}=\boldsymbol{BA}$.

【注】**证** 必要性. 由 $\boldsymbol{A}$，$\boldsymbol{B}$，$\boldsymbol{AB}$ 都正定，知 $\boldsymbol{A}^{\mathrm{T}}=\boldsymbol{A}$，$\boldsymbol{B}^{\mathrm{T}}=\boldsymbol{B}$，$(\boldsymbol{AB})^{\mathrm{T}}=\boldsymbol{AB}$，又由 $(\boldsymbol{AB})^{\mathrm{T}}=\boldsymbol{B}^{\mathrm{T}}\boldsymbol{A}^{\mathrm{T}}=\boldsymbol{BA}$，故 $\boldsymbol{AB}=\boldsymbol{BA}$.

充分性. 因 $\boldsymbol{A}$，$\boldsymbol{B}$ 都正定，且 $\boldsymbol{AB}=\boldsymbol{BA}$，则 $(\boldsymbol{AB})^{\mathrm{T}}=\boldsymbol{B}^{\mathrm{T}}\boldsymbol{A}^{\mathrm{T}}=\boldsymbol{BA}=\boldsymbol{AB}$，得 $\boldsymbol{AB}$ 为实对称矩阵.

又由 A，B 正定，知存在可逆矩阵 P_1，P_2 使得 $A=P_1^TP_1$，$B=P_2^TP_2$，于是

$$AB=(P_1^TP_1)(P_2^TP_2)=P_2^{-1}(P_2P_1^T)(P_1P_2^T)P_2$$

$$=P_2^{-1}(P_1P_2^T)^T(P_1P_2^T)P_2=P_2^{-1}CP_2,$$

记 $C=(P_1P_2^T)^T(P_1P_2^T)$，$P_1P_2^T$ 可逆，故 C 为正定矩阵，其特征值全大于 0. AB 与 C 相似，故 AB 的特征值也全大于 0，所以 AB 正定.

（4）若 A 正定且是正交矩阵，则 $A=E$.

【注】**证** 由 A 正定，知 A 的特征值均为正实数．又 A 是正交矩阵，所以 A 的实特征值只可能为 ±1，故 A 的特征值全为 1. 又因为 A 为实对称矩阵，故存在正交矩阵 P，使得 $P^TAP=E$，于是有

$$A=PEP^T=E.$$

例 9.12 设二次型 $f(x_1,x_2,x_3)=(x_1+2x_2+x_3)^2+[-x_1+(a-4)x_2+2x_3]^2+(2x_1+x_2+ax_3)^2$ 正定，则参数 a 的取值范围是（　　）.

（A）$a=2$　　（B）$a=-7$　　（C）$a>0$　　（D）a 为任意实数

【解】应选（D）.

法一 由于 $f(x_1,x_2,x_3)$ 是平方和，故 $f(x_1,x_2,x_3)\geqslant 0$.

$$f(x_1,x_2,x_3)=0\Leftrightarrow\begin{cases}x_1+2x_2+x_3=0,\\-x_1+(a-4)x_2+2x_3=0,\\2x_1+x_2+ax_3=0,\end{cases}\qquad(*)$$

方程组（*）的系数行列式

$$\begin{vmatrix}1&2&1\\-1&a-4&2\\2&1&a\end{vmatrix}\begin{matrix}\\ \text{1倍加至}\\ \text{(−2)倍加至}\end{matrix}=\begin{vmatrix}1&2&1\\0&a-2&3\\0&-3&a-2\end{vmatrix}=(a-2)^2+9>0,$$

故对任意实数 a，方程组（*）有唯一零解，即对任意的 $\boldsymbol{x}=[x_1,x_2,x_3]^T\neq\mathbf{0}$，有 $f(x_1,x_2,x_3)>0$，f 正定，故选（D）.

法二 $f(x_1,x_2,x_3)$

$$=[x_1+2x_2+x_3,\ -x_1+(a-4)x_2+2x_3,\ 2x_1+x_2+ax_3]\begin{bmatrix}x_1+2x_2+x_3\\-x_1+(a-4)x_2+2x_3\\2x_1+x_2+ax_3\end{bmatrix}$$

$$=[x_1,x_2,x_3]\begin{bmatrix}1&-1&2\\2&a-4&1\\1&2&a\end{bmatrix}\begin{bmatrix}1&2&1\\-1&a-4&2\\2&1&a\end{bmatrix}\begin{bmatrix}x_1\\x_2\\x_3\end{bmatrix}$$

$$\xlongequal{\text{记}}\boldsymbol{x}^TB^TB\boldsymbol{x}=\boldsymbol{x}^TA\boldsymbol{x},$$

其中 $A=B^TB$. 由

$$|\boldsymbol{B}|=\begin{vmatrix}1&2&1\\-1&a-4&2\\2&1&a\end{vmatrix}\xlongequal[(-2)\text{倍加至}]{1\text{倍加至}}\begin{vmatrix}1&2&1\\0&a-2&3\\0&-3&a-2\end{vmatrix}=(a-2)^2+9>0,$$

故对任意实数 a，$\boldsymbol{B}$ 都是可逆矩阵，从而 $\boldsymbol{A}$ 是正定矩阵，即对任意实数 a，f 正定，故选（D）.

法三 令 $\begin{cases}y_1=x_1+2x_2+x_3,\\y_2=-x_1+(a-4)x_2+2x_3,\\y_3=2x_1+x_2+ax_3,\end{cases}$ 若 $\begin{vmatrix}1&2&1\\-1&a-4&2\\2&1&a\end{vmatrix}\neq 0$，则存在可逆线性变换，使得 $f=y_1^2+y_2^2+y_3^2$，此时 f 正定.

又由法一得，

$$\begin{vmatrix}1&2&1\\-1&a-4&2\\2&1&a\end{vmatrix}=(a-2)^2+9>0,$$

故 f 正定，应选（D）.

【注】对于本题，直接写出二次型的对应矩阵，利用各阶顺序主子式都大于零来判别是困难的.

例 9.13 设矩阵 $\boldsymbol{A}=\begin{bmatrix}a&1&-1\\1&a&-1\\-1&-1&a\end{bmatrix}$.

（1）求正交矩阵 $\boldsymbol{P}$，使 $\boldsymbol{P}^{\mathrm{T}}\boldsymbol{AP}$ 为对角矩阵；

（2）求正定矩阵 $\boldsymbol{C}$，使 $\boldsymbol{C}^2=(a+3)\boldsymbol{E}-\boldsymbol{A}$，其中 $\boldsymbol{E}$ 为 3 阶单位矩阵.

【解】（1）由例 7.1 知，$\boldsymbol{A}$ 的特征值为 $\lambda_1=\lambda_2=a-1$，$\lambda_3=a+2$，对应于 $\lambda_1=\lambda_2=a-1$ 的线性无关的特征向量为 $\boldsymbol{\xi}_1=\begin{bmatrix}-1\\1\\0\end{bmatrix}$，$\boldsymbol{\xi}_2=\begin{bmatrix}1\\0\\1\end{bmatrix}$，施密特正交单位化得 $\boldsymbol{\eta}_1=\begin{bmatrix}-\frac{\sqrt{2}}{2}\\\frac{\sqrt{2}}{2}\\0\end{bmatrix}$，$\boldsymbol{\eta}_2=\begin{bmatrix}\frac{\sqrt{6}}{6}\\\frac{\sqrt{6}}{6}\\\frac{\sqrt{6}}{3}\end{bmatrix}$. 对应于 $\lambda_3=a+2$ 的特征向量为 $\boldsymbol{\xi}_3=\begin{bmatrix}-1\\-1\\1\end{bmatrix}$，单位化得 $\boldsymbol{\eta}_3=\begin{bmatrix}-\frac{\sqrt{3}}{3}\\-\frac{\sqrt{3}}{3}\\\frac{\sqrt{3}}{3}\end{bmatrix}$.

令 $\boldsymbol{P}=[\boldsymbol{\eta}_1, \boldsymbol{\eta}_2, \boldsymbol{\eta}_3]=\begin{bmatrix} -\frac{\sqrt{2}}{2} & \frac{\sqrt{6}}{6} & -\frac{\sqrt{3}}{3} \\ \frac{\sqrt{2}}{2} & \frac{\sqrt{6}}{6} & -\frac{\sqrt{3}}{3} \\ 0 & \frac{\sqrt{6}}{3} & \frac{\sqrt{3}}{3} \end{bmatrix}$，则 $\boldsymbol{P}^{\mathrm{T}}\boldsymbol{A}\boldsymbol{P}=\begin{bmatrix} a-1 & 0 & 0 \\ 0 & a-1 & 0 \\ 0 & 0 & a+2 \end{bmatrix}$，故 $\boldsymbol{P}$ 为所求正交矩阵．

（2）由（1）知，$(a+3)\boldsymbol{E}-\boldsymbol{A}=(a+3)\boldsymbol{E}-\boldsymbol{P}\begin{bmatrix} a-1 & 0 & 0 \\ 0 & a-1 & 0 \\ 0 & 0 & a+2 \end{bmatrix}\boldsymbol{P}^{\mathrm{T}}=\boldsymbol{P}\begin{bmatrix} 4 & 0 & 0 \\ 0 & 4 & 0 \\ 0 & 0 & 1 \end{bmatrix}\boldsymbol{P}^{\mathrm{T}}.$

令 $\boldsymbol{C}=\boldsymbol{P}\begin{bmatrix} 2 & 0 & 0 \\ 0 & 2 & 0 \\ 0 & 0 & 1 \end{bmatrix}\boldsymbol{P}^{\mathrm{T}}$，则 $\boldsymbol{C}^2=(a+3)\boldsymbol{E}-\boldsymbol{A}$. 故所求正定矩阵是

$$\boldsymbol{C}=\begin{bmatrix} -\frac{\sqrt{2}}{2} & \frac{\sqrt{6}}{6} & -\frac{\sqrt{3}}{3} \\ \frac{\sqrt{2}}{2} & \frac{\sqrt{6}}{6} & -\frac{\sqrt{3}}{3} \\ 0 & \frac{\sqrt{6}}{3} & \frac{\sqrt{3}}{3} \end{bmatrix}\begin{bmatrix} 2 & 0 & 0 \\ 0 & 2 & 0 \\ 0 & 0 & 1 \end{bmatrix}\begin{bmatrix} -\frac{\sqrt{2}}{2} & \frac{\sqrt{6}}{6} & -\frac{\sqrt{3}}{3} \\ \frac{\sqrt{2}}{2} & \frac{\sqrt{6}}{6} & -\frac{\sqrt{3}}{3} \\ 0 & \frac{\sqrt{6}}{3} & \frac{\sqrt{3}}{3} \end{bmatrix}^{\mathrm{T}}=\begin{bmatrix} \frac{5}{3} & -\frac{1}{3} & \frac{1}{3} \\ -\frac{1}{3} & \frac{5}{3} & \frac{1}{3} \\ \frac{1}{3} & \frac{1}{3} & \frac{5}{3} \end{bmatrix}.$$

【注】设 $\boldsymbol{A}$ 是 n 阶正定矩阵，则存在 n 阶正定矩阵 $\boldsymbol{B}$，使得 $\boldsymbol{A}=\boldsymbol{B}^k$，其中 k 为正整数．